愛美神"吳玟萱偷偷從明星藝人
專業大師身上
出近500種 "內行口碑品",
妝前保養品,到上妝工具、
雛、打底、遮瑕、眉眼睫唇…
耗時2年從2000多種推薦品中
斷試用淘汰後歸納出的**精選品**!!
妳就算技巧再差,
感也比別人強一倍!!

U0031220

首度
獨家公開
不上妝也有粉嫩嬰兒肌的
「無敵作弊妝」
比日本"心機妝"
更萬吉喔!

打開明星的化妝箱

吳玟萱 | 無敵愛美神 Part 2

彩妝試用天后愛美報告書　明星不外傳偷吃步專用好料

打開明星的化妝箱 無敵愛美神PART2

選擇適合自己肌膚的色彩

　　色彩運用是很重要的，這麼多琳瑯滿目的顏色我們要如何選擇才是為自己加分內？請無敵愛美神來為大家解答！

· ·

　　許多朋友都很羨慕我，能夠『親手』接觸到許多女明星的肌膚，他們往往會好奇的問這樣的問題：你覺得誰的肌膚狀況最好？這時在我腦海中最初浮現的，大概就屬玫萱吹彈可破，完全不見毛孔的漂亮肌膚了。而當有人問，誰的肌膚卸妝之後差異最大？基於良心，這答案只能暗藏在心裡。但是，如果妳也有這樣的疑問，我會建議妳仔細研讀這本書。

　　千萬別誤會，這不是一本充滿八卦經的書，然而，卻洩露許多女藝人得以在鏡頭前光鮮亮麗的小秘密。壓力、忙碌、失眠....這種生活形態其實藝人一定比妳還要嚴重，那麼，她們究竟如何應付突如其來的肌膚問題，像是黑眼圈、浮腫臉、大痘痘、粗毛孔....卻還能持續呈現美麗、漂亮的肌膚狀態，又看不出厚厚的粉妝修飾？這當然需要許多保養的小秘訣以及彩妝大師的秘密技法，看完這本書，其實，妳會發現，自己也能夠輕鬆擁有明星般的漂亮臉蛋！

Contents

幫妳打開彩妝師和藝人的 化妝箱

市面上有太多化妝品廣告，和推陳出新的彩妝商品，搞得小愛美神們不知道到底該選擇什麼？哪些冤枉錢不該花？這時候，就是翻閱《打開明星的化妝箱-無敵愛美神part2》這本書的時候囉，因為它將幫妳打開彩妝師、藝人和我自己的化妝箱，讓妳知道裡面到底藏了什麼寶貝，才能讓她們在銀幕前後都這麼迷人；此外妳還能在這本書裡，得到什麼最好用、最該買、最值得買的第一手資訊喔！

想花錢進行『微整型』，不如靠適合妳的彩妝『變臉』，這是身為愛美神的我，很想傳達的觀念。以我為例子來說吧，雖然很多人都說我不化妝最好看，但閒閒沒事時，我還是喜歡在臉上玩彩妝、玩顏色；對我來說，這不只是

化妝而已，其實更接近遊戲的成分。尤其這些年來「妖姬姬盛行，蠱惑女當道」，加上日韓影視魅力爆紅，彩妝文化已經日趨成熟，再不讓臉上來點「心機妝」、「作弊妝」、「勾引妝」、「友善妝」……就算身上的衣服再時尚，整體效果還是減分。上課、上班、約會時，心機加一點，心眼加一點，讓自己擁有不同的風情，不管戀愛運或是財運、工作運馬上就會變好，讓妳擋都擋不住！現在，我不再只有一百零一種的萬年look，我多了糖果色、焦糖色、海軍風、搖滾風、勁爆風、性感風……我有好多張臉，好多種不同的風情和模樣，但我不是那種流行什麼，就把什麼往臉上塗抹的人，因為不是什麼妝都適合自己！

　　坦白招供一件事，以前我不太會運用「中庸妝」，只會畫「犯小人妝」、「距離妝」等豔麗妝，所以男生都對我有很深的距離感，都不敢追我，嗚>＿<……

　　女生都覺得我很踐，一下子就搶走別人的焦點，對我擁有高度敵意－＿－……

　　後來我當了藝人，接觸各式各樣的化妝師，這可讓我大開眼界，功力大增！因為我偷學了好多化妝技巧和別人不知道的化妝眉角，加上我酷愛閱讀歐美日系時尚雜誌，多年經驗的累積，現在我可是藝

高人膽大，十八般化妝手藝樣樣有。所以我決定發揮買菜還要討根蔥的本事，教大家買「流行不怕，退燒不怕」的各式基本款彩妝，還利用別的彩妝品調配原來買錯的化妝品，讓荒廢的彩妝品敗部復活，重新在小愛美神臉上閃耀光芒！

聽説很多男人，都會和女朋友説不喜歡她化妝，但我想大聲宣告：這些男人都是騙子！因為他們剛剛偷瞄的女人，每個都是精心畫了彩妝呢 所以，各位小愛美神，妳們一定要注意自己的眉毛、眼線、唇彩、粉底妝……別讓它們因為一時的疏忽，造成永久的落伍。譬如以前流行把眉毛挑高，搞的滿街都是「恰北北女」的時代已經結束，就千萬別再把眉毛剃得超高；80年代流行的毛毛蟲濃眉毛，又快流行回來，就讓自己密切注意流行趨勢，以便隨時放寬畫眉尺寸！

此外，如果妳不滿意自己的五官或皮膚，適當的彩妝都能讓見光死的部分掩蓋起來大方走在陽光裡！妳還可以變年輕、變性感、變可愛、變成熟，只要按照我書裡的內容依樣畫葫蘆，擁有不同的魔法、不同的臉、不同的心情，將是指日可待的事！

總而言之，彩妝就像萬能魔法，那些彩妝小道具就是仙女棒，能讓小愛美神們時而bling bling，時而甜美青春，時而性感撩人……變出萬種風情！

希望我的書，能讓大家擺脱一成不變的樣子，變成百變公主！不但因此桃花朵朵開，追求者越來越多，還能改善周遭的同性關係，為自己的人脈存摺再增添好多筆！

小愛美神們，快準備一面鏡子和一個好心情，上課時間到囉！

妝前保養打底 肌膚瞬間亮起來

chapter 1

美妝策略 1 浮腫臉 暗沉妹 脫皮乾妹妹 的妝前急救法！

有時候一覺醒來，看著鏡子，真覺得今天有種悲慘的感覺，因為，自己怎麼變成了皮膚乾澀脫皮，很難上妝的乾妹妹了呢？這可是十萬火急的嚴重啊……好險知識、常識和電視告訴我們很多妝前保養的事。讓我們不用再害怕一覺醒來，擁有山河變色的缺水夢魘…

很多女明星在重要場合，例如頒獎典禮或跑趴走秀前，都會拼命狂敷面膜狂保養；很多女孩則被教育在婚前來個全身大保養。其實這些在平常就要做啊，為什麼要臨時抱佛腳？那句說爛的話「天下沒有醜女人只有懶女人」，小愛美神應該都秉記在心吧？

現在，在重要的通告或拍照之前，為了讓膚質更水嫩保濕，我都會在家敷面膜。不想花錢的話，我會上精華液或百分百玻尿酸，膠原蛋白原液，加上指腹按摩和導入器強化吸收，皮膚馬上水噹噹喔！小愛美神可以試試看！

精油按摩 小豬臉變立體的巴掌臉

至於水腫的話呢？我會用按摩精油按摩臉部，或用熱面膜幫助血液循環。

小愛美神別怕按摩精油會太「油」，那些從植物萃取出來的精華，只要使用得當，一點也不會造成肌膚的負擔，此外，它還能形成保水膜，維持皮膚水分，促進臉部淋巴循環，放鬆臉部僵硬、解除暗沉，給予膚色光亮，是不錯的消腫急救秘方！所以只要使用

精油配上正確的按摩方式，小豬臉馬上就能變立體小臉喔！

　　另外，冬天容易讓肌膚乾澀脫皮，用精油按摩肌膚，讓肌膚完全吸收這些植物精華，能強化肌膚深層的保濕滋潤，重現明亮光彩！

愛美神爆好料
按摩精油

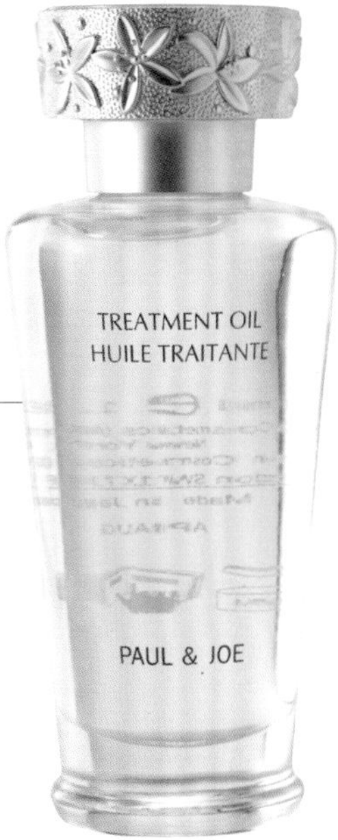

芳香修護精華油
100ml・保濕

它有高貴的蘆薈、金盞花、月見草、玫瑰精油…等複方成分，能讓肌膚吸收的徹底又到位！

油感度中等、香味宜人、保濕度好。

Paul&Joe

橙花香氛按摩油
40ml・NT$1650
清爽保濕

它有橘子、葡萄柚、角鯊烯、橙花等八種植物油，吸收度好，味道高雅清芳，質感清爽舒服。

Clarins

蘭花面部護理油
40ml・滋潤保濕

符按摩油大姊大，也是此品牌的巨星產品。含多種植物的珍貴精油配方，排水消腫效果驚人又神奇！最具滋潤度，最適合冬天使用。

美麗基礎　巧妝佈局

愛美神爆好料
面膜

青春敷面‧NT$2100

廣告打這麼兇，大家已經
耳熟能詳它的妙用了吧，
經我親身使用證明，它的
保濕度真的不錯。

Boots

緊緻淨肌面膜
一盒五片‧每片8ml
NT$550‧開架商品

含有新陳代謝超優的七葉
樹精華，讓它自然散發熱
力，緊緻效果相當好。之
後配上臉部按摩，大餅臉
馬上變成小尖臉！我曾經
上過女人我最大親身試
驗，敷完臉真的感覺很緊
緻，臉也馬上小了許多！

Aqualabel

保濕面膜‧一盒5片
日幣1900
開架商品‧**日本獨賣** 👑

這是我剛去日本買回來的
新鮮貨！它是資生堂的副
牌，號稱可以讓保濕液導
入到肌膚深層部位，更有
效幫助吸收；使用過後，
整張臉真的馬上水噹噹
喔，我一下子就買了２０
盒！聽說台灣即將引進。

愛美神爆好料
眼膜

Lifecella

美容液保濕眼膜
5對‧NT$149
開架商品‧**開架必買** 👑

是我的開架眼膜最愛，便宜保濕又
好用，美容液超多！敷的面積大
片，眼尾是往上勾的形狀，可包覆
眼睛尾部肌膚。

SK II

全效活膚眼膜
14組·NT$2100

有時下最紅的三胜●和六胜●，能深層滋潤、活化眼部肌膚。敷了它，還能感覺到眼睛周圍的肌膚全都撐起來了耶！至於肌膚的細緻度更不在話下。

愛美神爆好料

化妝水

肌膚之鑰

化妝水
150ml·NT$2900
貴婦名媛愛用

我用了很多罐，它已經暢銷很多年，是類似美容液般的化妝水喔，也是很多貴婦名媛的愛用品！質地略帶黏稠感，保濕度和滋潤度真的很好。

Aqualabel

保濕水·200ml
日幣1470
開架商品·**日本獨賣**

這是我剛去日本買回來的新鮮貨！它是資生堂的副品牌，號稱有美容液滋潤導入深層肌膚的功效，使用後真的很不錯。

Revital

莉薇特麗滋潤妝前露
40ml·NT$1250

號稱唯一一瓶能抗皺的化妝水，我覺得它的滋潤度很好，我通常會把它壓在化妝綿上，幫臉部做一些按摩保養，它含有維他命A的微粒膠囊，將其均勻按摩在臉上，能讓臉部擁有滋潤的效果喔！

SK II

青春露
150ml·NT$2850

這是我化妝台上不可或缺的商品。它是台灣百貨公司的化妝水銷售天后，而且蟬聯多年都不見退燒。

小愛美神跟著做

愛美神的DIY敷臉秘技：如果妳不想花錢買面膜，也可把化妝水倒在化妝棉上，再用化妝綿敷臉

Claudia's Secret

如果想讓畫好的妝穩定維持，或擔心彩妝出油脫妝，可用噴式玫瑰花露，加強定妝效果並幫助肌膚保濕。使用時請和臉部保持30公分距離，再少量的輕輕噴灑，也可在臉上覆蓋一層面紙再噴，以免彩妝花掉。噴完一定要用面紙按壓，吸走多餘的水分，不可讓它自然乾，因為這樣反而會帶走臉上水分，產生反效果！如果是夏天，我一定隨身攜帶裝有玫瑰花露的噴頭式小罐子，方便隨時補妝。

愛美神爆好料　**玫瑰花露**

JURLIQUE

玫瑰花露 · 100ml · **超保濕** ♛

為此品牌的明星產品。它能讓肌膚迅速吸收，保濕度好，我都會攜帶它的小罐贈品隨時使用。也曾看過彩妝師在上妝前，用此產品噴濕在海綿上，再上底妝，可幫助粉底更服貼喔！

香緹卡

五月玫瑰花妍露 · 100ml · NT$2350

♛ **貴婦也著迷**

是此品牌的明星產品。我常看到我的貴婦朋友揮霍的使用它。它萃取五月的玫瑰花製成，味道幽香，能讓肌膚迅速吸收，加強保濕效果。

愛美神爆好料
超音波導入器

愛美神爆好料
精華液

日本品牌

低周波紅外線眼睛導入器
♛ **日本獨賣**

這是我在日本買的，機器相當輕巧，使用也很簡便。使用前加精華液，再用機器稍作按摩，促進血液循環，就能讓眼睛沒這麼泡。它的價錢很合理，如果有機會去日本玩，不妨帶一台回來！

Nugen

膠原蛋白加玻尿酸原液
NT1650

這是百貨公司專櫃產品，效果優異、為百分百的原液。如果不想分開買很多商品，它有三種配法：加了胎盤素的玻尿酸、加了膠原蛋白的玻尿酸、和玻尿酸原液。號稱可迅速吸收800倍水分呢！

Nugen

玻尿酸原液
NT$1450

T.S.C玻尿酸

一盒四罐 NT1280
開架商品

這是我在藥妝店買的，它便宜又好用，效果也相當顯著，一點也不會有為了美麗而荷包大失血的心痛感受！我習慣兩罐都擦，但小愛美神也可因應自己的膚質而彈性使用。擦上後輕輕按摩便可完全吸收，或再用導入器，增加肌膚的深層吸收。

T.S.C

膠原蛋白
一盒四罐
NT$1280 開架商品

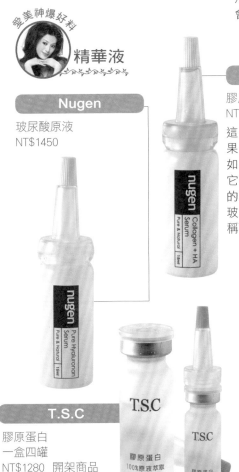

美麗基礎 巧妝佈局

17

Doctor Wu.

膠原蛋白
開架商品

康是美銷量第一商品。比前兩者濃稠，我喜歡先用上前者再擦這個補強，將其mix來按摩臉部。不想花錢的話，可多上點化妝水，趁其未乾前堆疊上此產品，再輕輕按摩臉部。

pre make up cream化妝下地

愛美神的　"無敵作弊妝"　大公開

chapter **2**

美妝策略 2 不愛化妝的美眉
少不了隔離霜/飾底乳

想少上一點粉底，或讓底妝更完美 請用底乳或下地或妝前霜。

隔離霜的英文是pre make up cream；日文則是化妝下地；飾底乳的英文則是base。基本上，隔離霜和飾底乳不太一樣，但它們都是調整膚色，增加粉底不足之處的美妙道具！有些隔離霜除了能隔絕陽光、髒空氣、防曬潤色，還能保養肌膚呢！現在市面上的產品大都是複方功能，擁有很多種選擇。

至於飾底乳則是調整膚色，修飾肌膚明亮度，使肌膚顏色更均勻；妝前霜可讓妝效持久完美，有的妝前霜還可撫平細紋、縮小毛孔，讓皮膚細緻動人。

如果飾底乳的防曬係數不夠高，我都會先擦防曬係數較高的隔離霜，再擦飾底乳，讓自己享受陽光不用擔心長斑曬黑。現在的飾底乳很多都和隔離霜二合一，不過，妳還是可以根據自己肌膚的需求，添購不同的產品！

有的加了珠光效果，擦上去，可讓自己容光煥發，氣色好到不行。有的還可讓彩妝持久，讓粉底更有透明感！使用時，只要一顆

紅豆大小的份量即可，免得變成了「藝伎回憶錄」！

愛美神的「無敵作弊妝」大公開

常常聽人說：「吳玟萱沒化妝比化妝後皮膚更漂亮、氣色更紅潤！」

其實不用羨慕我，我不是沒化妝，只是用了很多偷吃步，我自創了一套「無敵作弊妝」，讓自己不僅節省出門前的化妝時間，而且還可以清透到讓人以為沒化妝！靠的就是：化妝下地！肌膚好的小愛美神，我建議妳們也可以像我一樣平日只在臉上擦些飾底乳，就可容光煥發，有種沒化妝的騙人效果。此外，飾底乳還可以用來調和矯正顏色過深的粉底喔，如果買錯顏色不對的粉底，記得用飾底乳調整粉底顏色，讓買錯的東西復活重生，環保又省錢。

但是，如何挑選適合的飾底乳呢？

小愛美神們，如果妳的膚色和狀況屬於下列問題，我建議妳採用相對應的飾底乳來以不變應萬變！

增加光澤感與立體感	請用白色或含有珠光的飾底乳，但易出油的肌膚建議局部上
蠟黃膚色，有暗沈，想增加透明感	請用紫色或藍色飾底乳
膚色易泛紅，或有痘疤	請用綠色飾底乳
小麥黑或黑眼圈肌膚	請用黃色飾底乳
一般膚色	請用正常膚色飾底乳

潤色飾底產品

有顏色品種

Laura Mercier

隔離潤色乳/膚色　SPF20
40ML・NT1450
自然派美眉必買

這是我的愛用品之一，也是好萊塢女星增添魅力的超級產品！擁有深淺不一的多種膚色選擇，稍具潤色效果，感覺也比較滋潤；獨家的維他命和抗氧化等護膚成分，更多了保養肌膚的功能！

ALBION

循環美白妝前膏/紫色
SPF15 PA＋＋
65g・NT$1290

使用起來感覺比較水感，清爽。質地具沿展性，相當容易推勻；能讓臉部肌膚呈現自然剔透的晶瑩效果，完全沒有厚重的紫色面具感。只推出紫色一種顏色。

Stila

天使愛美麗UV飾底霜
SPF15膚色
50ml・NT$1000

平常不想化妝又不想當「菜菜子」時，我都用它來打底。它的質地清爽透明，又有不錯的遮瑕能力，膚質很好的人不想上妝可直接使用來打底。

資生堂

優白妝前修飾霜/綠色　SPF15
PA＋＋
30ml・NT$1000
好用必買

我用了很多年，有膚色和綠色兩種顏色。我習慣把兩種搭配在一起使用──把綠色擦一點在T字部位，把膚色的擦在兩頰；因為它比較黏稠，所以我建議使用前可多擦一點乳液，比較好延展推開。不化妝的時候我也會用它，這樣就可以維持一整天的好氣色喔。

RMK

修色乳霜/03藍色
30ml
NT$1020
清透必買

常賣到缺貨的大熱門！使用前請搖一搖喔，水水的透明質感，能輕量的改變膚色，不用擔心上太多臉會太白。

The pre make up protect your skin

珠寶提供：維尼珠寶

Lovshuca

SPF23 PA＋＋ 淡粉紅色
30g・日幣1800開架商品
日本獨賣
佳麗寶在日本推出的副品
牌。日本當紅開架彩妝，
走精緻可愛路線，保濕效
果不錯，能散發微微的發
光粒子。

Privacy

金色珠光
晶亮保濕粉底液・20ml
NT$350・開架商品

台隆手創館和日系藥妝店
獨賣，有多種顏色選擇，
能讓臉部肌膚擁有淡金珠
光的效果，將滿天的小星
星若隱若現在臉上，不但
物美價廉，更能讓小愛美
神們走在時尚前端，也不
會荷包大失血！

Kiss

Nuance UV Base SPF15
PA＋＋玫瑰色・32g
日幣1400
日本開架商品
台灣沒有進口

日 本 當 紅 產
品，日本妹很
愛用。質地細
緻清爽，呈粉
霧狀，可讓膚
色粉嫩健康，
價錢便宜。

無顏色品種

Armani

Fresh Modeling
make-up Base
30ml
得獎必買
此產品曾在國際得過
大獎，讓好萊塢巨
星、歐美名模為之瘋
狂！質地相當細嫩，
保濕度非常好，能讓
粉底完美細緻，不易
脫落。

MAC

PREP＋PRIME妝前乳液
30ml
NT$900
專業必買
它是國內彩妝師的手下愛
將，用過後我愛不釋手！
可撫平討厭的粗大毛孔，
讓肌膚完整無瑕，看不出
毛孔粗大的夢魘。此外，
它還能讓底妝在臉上待很
久很久，嘿嘿，讓妳不會
產生真面目暴露的美麗危
機。

Smashbox

PHOTO FINISH UVA/UVB
SPF15．28ml
港幣400多左右

某位知名彩妝大師的愛用品，也是瑪丹娜的愛用貨，同時是此品牌的明星商品。我試用過後，果真效果很讚！擁有其品牌所標榜的神奇柔焦拍照效果，能修飾隱藏毛孔，讓皮膚細滑、妝效持久。

RMK

隔離乳液
NT$1020

也是彩妝師和藝人們趨之若鶩物的寶貝喔！除了讓底妝持久不脫妝，擦上去肌膚傳來的冰涼的感受，更可增加控油效果。

smashbox

PHOTO FINISH
UVA/UVB SPF 15
WITH DERMAXYL™ COMPLEX

FOUNDATION PRIMER
UNIFICATEUR DE TEINT

.98 FL.Oz 0 28ml

Skin Laminate

超保濕隔離霜
30g
日幣2200
去日本必買 👑

是我的新發現和新歡。能讓臉上宛如敷上一層保濕的保水膜，可防止水分跑掉的鎖水程度達184％。真後悔在日本只買兩盒啦！

Laura Mercier

喚顏凝露
50ml
NT$1200
口碑必買 👑

我也用了很多罐，第一次接觸此家的產品就是它喔！為此品牌的明星商品，可讓底妝更保濕和持久！

愛美神爆好料

潤色防曬隔離霜

Dior

嫩白潤色隔離霜
30ml
NT$1400

塗在臉上非常清爽，還有淡淡幽香，讓我好像來到了花叢。防曬係數高，有白嫩皮膚、豐潤氣色、隔離陽光三重功效。膚色列產品在台灣是長銷商品，常常容易缺貨，下手請趁早；水乳狀的質地，使用前需要搖晃均勻，才能讓肌膚白晰通透，小花臉從此說再見！有無色和膚色兩種。

DIORSNOW
PURE UV

BASE ÉCLAT
SUBLIME
WHITENING UV
CONTROL BASE

SPF 35 · PA+++

Dior

Stila

天使愛美麗UV飾底霜
SPF30・50ml
NT$1000

雖然是隔離霜和飾底霜，但我把它拿來當珠光產品，擦在顴骨上打亮臉頰，因為它的珠光感很強！但切記只要一顆紅豆的用量，千萬別整臉塗抹，以免發光過度啦！

植村秀

UV UNDER BASE SPF17 PA＋＋
65g・NT$1000

👑 人氣必買

這是台灣人氣最高的商品，聽說賣出的數量堆起來比101大樓還高；它原本只有膚色，現在又推出了粉紅色和象牙白兩種顏色，讓膚質狀況不同的小愛美神又多了新的選擇！

Lancome

UV Expert
雙重UV隔離飾底乳
30ml・NT$1450

質地是相當清爽的水乳狀，沒有油份和多餘的負擔；使用前記得搖一搖，讓裡面的乳液攪和均勻，在臉上的效果才會更自然，顏色為粉紅色。

曼秀雷敦

藥用UV防曬隔離乳SPF
50PA＋＋
30g・大約700左右日幣
開架商品

日本獨賣 👑

林志玲曾介紹過好用，可吸收油脂，還可殺菌消毒。適合年輕女孩的肌膚，還有防曬功能，讓妳走在陽光下也不怕黑粒子出現在臉上，可惜只有日本才有賣。

毛孔修飾

愛美神爆好料

資生堂

美肌戀人毛孔細緻棒
9.5g・NT$900

可在保養品上完使用。擁有芍藥精華等能量複方，能緊緻毛孔、預防毛孔粗大、加強保濕感，是避免變成草莓鼻、草莓臉的保養用品。

肌膚之鑰

輕透毛孔遮瑕膏
4.2g・NT$1500

👑 填補必買

屬於妝前霜，請在上底妝前使用。擦起來有粉霧感，遮蓋力強，能直接填補毛孔，讓它平整無瑕，還可吸收油脂喔！可針對皮膚問題大的地方使用，效果明顯！

Benefit

油不得妳毛孔隱形膏
24g
暢銷必買

是這個品牌全世界暢銷第二、口碑第一的超級商品！在上底妝前抹它，可有效修飾毛孔；質地不會太乾，不會吸光臉上的水份！含有維他命A、E、C，能滋養肌膚，讓肌膚更加細緻！

Sana

毛穴職人化妝下地
SPF17 PA＋＋
25g・1000日幣
開架商品

是我在日本藥妝店視察時，日本妹告訴我那時候銷量第一的商品，現在台灣已經進口。

Love Clover

素肌整補下地 SPF28 PA＋＋
日幣1890・開架商品・**日本獨賣**

擁有厲害的名字叫素肌整補下地，物美價廉、包裝可愛，擁有撫平毛細孔兼具修飾膚色的功能。還有深一點顏色，適合古銅肌美眉。有兩色選擇。

Effusais

部份用化妝下地
7g・**青春美眉必買**

是此品牌的新產品。擦起來很柔滑細緻，擁有吸油和控油的功能，肌膚不易泛油光，還可修飾毛孔，特別推薦給年輕的小愛美神！

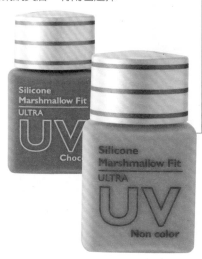

chapter 3

美妝策略3

粉底乳、液、霜、膏、條、餅…怎麼用差「粉多」

粉底對於肌膚實在非常重要。它可以保護肌膚免於髒空氣和紫外線的傷害，還可以讓自己容光煥發，氣色更好！

而現在的粉底真的真的太聰明了！不但遮暇力超高，還添加很多有的沒的複方成分，有的可以美白、有的可以保濕、有的可以緊緻肌膚…防曬功能就更不用擔心了，基本上，這已是臭氧層破洞後，每家化妝品公司都會添加的基本功效！

天生麗質的人，上妝時用一點點粉底就可以了。像我，一罐粉底可以用很久很久，但由於每年都有新發明，我只好秉持著無敵愛美神的嘗試精神，不惜成本找出更好的產品來介紹！

其實，只要飾底乳或隔離乳正確打好，粉底只要薄薄的一層就可以了。小愛美神們，千萬別把粉底當油漆，在臉上刷上一層又一層，這樣可是會見光死喔！此外，講究自然剔透的裸妝當道，彩妝師和藝人們都不喜歡"厚臉皮"的過度粉妝，所以，大家特別注意這個化妝趨勢喔！免得看起來既老氣又過於厚重。

Claudia's Secret

　　我偏好保濕度夠高的粉底乳、膏、或液…但我不太使用粉餅，因為它過於厚重和粉感，比較不自然。此外，我會分季節、分顏色購買這類商品，所以我有各式各樣的瓶瓶罐罐，適合不同的氣候和場合環境來使用。譬如：平時上通告時，我一定用兩種顏色的粉底：一個和膚色一樣、一個比膚色略深3到4號，這是製造小臉效果的基本原則，我一直奉行不悖，否則強烈的攝影棚燈光一打，臉可會放大好多倍呢！但當我參加各種派對的時候，我就會擦上和膚色接近的粉底或打亮局部部位，這也是心機妝的一種啦！第一，晚上黑漆漆的，不用擔心臉被莫名其妙的放大；第二，讓自己白一點、美一點，放電指數不是馬上倍增嗎？哈哈！

上粉底重要小幫手（Ｉ）　　海綿

　　海綿是上粉底的工具之一，不管圓的、方的、三角形、多角型，只要順手好拿，我都建議大家可以用，不過要注意選好一點的海綿質材，這樣對皮膚比較好。我不建議大家用太小的海綿上妝，因為施力點不夠，不好畫；還有密度太大的海棉也盡量不用，這很容易浪費粉底液，上妝時也不易均勻上妝，洗過以後可能就散掉了，不能再用！

　　基本上我最喜歡用"萬能的雙手"當上粉底的工具，因為手指指腹才能把粉推到很勻稱，這是海綿比不上的，而且，以經濟的角度來說也較划算，因為海綿會吸收粉底，手指卻不會，所以，請小愛美神好好練習手技吧！

高薄透打底　是妝感小美人必學的第一步

31

上粉底重要小幫手（Ⅱ）　粉底刷

　　一般市面上販售的粉底刷都可以購買，但說實話，我最愛用的還是萬能的手指，因為，用指腹部位把粉底推開，是有效快速又不用任何花費的！此外粉底刷需要視使用情況來清潔，以避免細菌滋生；除了用水洗，還可使用專業的清潔液，一邊清潔一邊保養，千萬避免用洗髮精之類的東西來清潔，因為它們容易殘留在刷具上，反而對肌膚有不良影響！

上粉底重要小幫手（Ⅲ）

海綿清潔劑

　　我都用卸妝油清洗海綿，等上面的妝清洗乾淨，再用洗臉乳來清洗，幫海綿兩次卸妝；千萬別用坊間傳說的洗碗精，那只是會把洗劑殘留在臉上，嚴重傷害寶貝的皮膚喔！

Claudia's Secret

我都會把不用的唇刷,當刷鼻翼附近或其他臉部小細節的刷子,並不需要另外再買

發美神爆好料

海綿

植村秀

花瓣海綿
NT$90

五角形狀,可任妳依據臉上的角度自行使用,可以依據個人喜好折起來,或用尖角來使用,但我個人偏好普通的海綿。

Make Up Forever

粉底海綿
NT$300

握感不錯,擁有方便上妝的人體工學。

植村秀

時尚粉底刷/14
NT$1200

用來刷眼睛下面、ㄒ字部位等小部分面積,但鼻翼部位可以用唇刷代替。

永和三美人

粉底海綿
NT$10/片・開架商品

👑 便宜必買

一次一大包,算下來一片才十塊,用過兩次就扔了,非常划算!各大美材行都有賣。

MAC

時尚專業粉底刷/190
NT$1500

這是我最愛用的刷具品牌,因為粉底或下地多屬膏狀、乳狀、液體狀,所以刷具的毛都是貂、獾、鼬等柔軟又有一定尖度的動物毛或人造纖維,刷起來相當舒服。

妳可以依據面積選擇刷具的大小號。

清潔液

Aatraea V.

高絲

海綿清洗液·日幣300
開架商品·**日本獨賣**

專門給海綿洗澎澎
的清洗液，含有
抗菌效果喔，只
要一點點就可以
洗的很乾淨！

MAC

時尚化妝刷清潔液
235ml·NT$450

這是我的愛用品!我比較過，
這是所有的清潔液中，容量最
大，價錢最實惠，不但洗的乾
淨，還可以用很久！

化妝刷清潔液
日幣650·日本買
台灣尚未引進

有除菌抗菌效
果，使用起來相
當便利，只要把
清潔液噴在化妝
綿上、再把刷具
在上面刷洗即大
功告成，可惜容
量不多，很快就
會用完。

Claudia's Secret

◆ 請勿使用比肌膚白的粉底，這只會讓妳看起來死白一片，相當不自然。想要改
變粉底顏色，只需用飾底乳或蜜粉來調色即可。

◆ 請分夏天、冬天兩季購買不同質地的粉底。夏天我會使用輕透、清爽、淡薄、
無油成分的粉底，因為粉底越厚，炎熱的天氣和汗水，會使臉上的粉妝一下子
就掉光光。至於冬天呢，我會用滋潤保濕度高的產品。

◆ 我個人的粉底使用量，為兩顆紅豆大小的用量。請先從少量開始，再酌量增
加，但可因應膚質狀況，酌量遞增或減少。

◆ 用手指指腹上粉底，是最經濟又讓粉妝服貼的好辦法。這樣，也不用擔心粉底
被海綿吸光光啦。若要妝效持久服貼，請先用指腹，將粉底『點、拍、推』在
肌膚上，再用海綿把粉底弄勻，也可避免不小心粉妝就過厚的困擾！若要妝淡
輕薄，請採相反的順序。

◆ 小臉妝技巧大公開：請用比自己膚色深個3到4號的粉底打在臉部周圍，臉側、
眼窩、鼻樑之處。可增加臉部輪廓的立體感，但請酌量使用深色粉底。

遮瑕度大比較 粉底液＜粉底乳＜粉底霜＜粉條

粉底相關產品分析

　　一般而言上，日系產品的顏色都比較紅潤或偏黃；歐系產品比較偏白晰或象牙白。以前的粉底比較粉感，保濕力也沒現在的強；現在的趨勢則是輕、薄、保濕、透明。粉底液就是在這樣的概念之下孕育而生，通常膚質好的人用它，效果會更加乘。當夏天來臨時或我不上通告時，我都會只上淡淡的粉底液喔。

　　粉底乳有理想的中遮瑕度，卻無厚重的粉感，當我上通告或週末出來小玩耍時，需要一點遮瑕度便會使用的產品。

　　粉霜又比粉底乳具有長效的妝感和滋潤度，使用人數近年來增加的很快！當我參加盛大場合的party，需要長效妝容，或冬天時需要較具滋潤度的妝容，我就會使用。

　　粉條是需要高遮瑕度的肌膚才需要用，不過這幾年的粉條，也都偏向輕薄趨勢，如果妳的肌膚狀況很好，其實不需要它。像我有時候，都會把粉條當作身體遮瑕膏來使用呢。

愛美神爆好料

粉底液

Lunasol

OC02粉底液
25ML・NT$1550

👑 貴婦級產品

日本佳麗寶的頂級產品，日本媒體給予高度評價，也是很多貴婦愛用的商品，含有66％的水分，粉質細緻、保濕度高，能讓肌膚擁有無肌齡的薄透年輕妝感。

Make Up Forever

雙用水粉霜
50ml・NT$1300

多功能必買 👑

法國超專業的品牌，此粉底是鎮店招牌之作，因為它的功能超多超讚，臉和身體都可以用，顏色選擇也多喔，最特別的是，它擁有別人沒有的防水性和輕薄自然感！拍照時，很多彩妝師都會用它來幫model擦身體，很多新娘拍婚紗照時，他們也會這樣使用喔！

Max Factor

無瑕透紗粉霜
30g・NT$950

質地輕薄到幾乎無法感受它的存在，塗上臉會有使用慕絲的錯覺，延展性好，不但容易推開，還能讓肌膚擁有柔嫩與細緻的光澤。

KP

透澤粉底液/20
SPF21 PA＋＋
40g・NT$150

是那種讓肌膚大口呼吸的輕薄細緻質地喔，遮瑕服貼力超讚，只要用一點點就可以擁有迷人的膚質。

Claudia's Secret

　　我都用6號來修容啦，大家別被它的號碼嚇到，怎麼這麼黑？其實推開後的粉很白很淡，用來修容一點也不為過；我有一個朋發揮創意，把它塗抹在腿上，竟好像穿了一層隱形絲襪耶！我用6號修容，和20號打底。

Revue

水潤輕透粉霜
25ml · NT$1180

是佳麗寶的新產品，標榜保濕功能，我試用後，發現它的保濕功能真的很優渥，粉感輕薄透明。

Albion Elgence

輕盈無瑕水粉蜜/301
35ml · NT$1900

在日本大賣的美妝之一，質地比較特別，是收斂化妝水加上粉底液的概念，使用後臉上冰冰涼涼很舒服，夏天也不易出油，是貼心的聰明產品，我常常在想，發明這罐的人一定是女人，只有女人才這麼懂得女人嘛！

愛美神爆好料

粉底乳

Laura Mercier

鎖水粉底液/ Blush Ivory
29ml · NT$1650

8年前我就開使用了。此為好萊塢巨星搶購的超級品牌！台灣的彩妝師也很愛用喔！質地清透淡雅，能給妳超自然裸妝感。有無油和滋潤兩種。滋潤這罐保濕力很好，可以創造裸妝，也可創造華麗的底妝！

Armani

Luminous Silk Foundation
色號3，4
30ml · 約NT$1600
台灣尚未進口
香港日本有賣

人氣必買

不愧是國外雜誌強力推薦，是彩妝師、藝人、名模的最愛，曾拿下國際的彩妝大獎，擦上去後，感覺肌膚會呼吸似的通透，遮瑕力夠、妝效自然

YSL

5號粉底乳
國外買 台灣未進口

看到了大師化妝箱的新行頭，加上我詢問後得到的超讚口碑，我馬上請朋友從國外寄給我，因為台灣尚未進口。它的粉感輕薄，產品本身附有刷頭，非常方便，使用時只要打開來，就可以用刷頭將粉底刷勻在臉上，外出時補妝使用也很便利。這麼貼心又便利的好商品，為什麼台灣沒有賣呢？

MAC

光纖粉底液/NC100
SPF15
30ml・NT$1100

此家的東西一向都
帶領著時尚潮流前
進，所以最新潮的
商品概念，都可以
在這裡找的到；此
光纖粉底液質地舒
爽，最特別的是含
有淡淡珠光，能讓
臉部左閃右閃，都
有一抹『就是那個
光』的感覺！

Loreal

完美吻膚系列/G1
30ml
NT$595　開架商品

強調輕薄質感，保
溼度好、服貼度都
好，果然是大廠產
品，品質有一定水
準。現在便利商店
有賣隨身罐，方便
小愛美神試用喔！

戀愛魔鏡

每日新鮮包粉底液SPF15＋
30天30包*0.4g
網拍價NT$260
開架商品

此為資生堂新推出
的開架式超young
品牌，一上市就
在日本年輕辣妹
裡造成搶購熱
潮，以這個價位
來說，它的粉質
算細緻，而一天
一包的概念設計
商品，不但適合
隨身攜帶，更適
合愛旅行的人！
膚質好的時候，
一包可兩天用，
還可隨身帶著補
妝，以備不時之
需的邀約！

資生堂

美人心機彈潤粉蜜/00
SPF12 PA＋
30g・NT$1250

含有創新彈力網，可
鎖住保濕成分，並在
臉上形成保護膜，
果然能讓臉上擁有
水亮彈力，但使用方
法比較特別，不可
用指腹塗抹在臉上，
而是將之擠在所附的
彈力海綿，將海棉對
折輕按，讓粉蜜平均
分布，再均勻覆於臉
上！可以用來作弊
妝。

The first step you
must learn :
powder foundation

愛美神爆好料之 **粉底霜**

香緹卡

Future Skin粉底霜/Alabaster
30g・NT$2500・**保濕度必買** 👑
對我來說它比較像是粉底乳的質感，推薦給膚質感好的人使用，妝效更極致。好萊塢一姐如妮可基嫚、瑪丹娜等都是它的追隨者。特殊的保濕磁解水，讓它的保水量達60％，能給肌膚充足水分，鎖水時間達24小時！

Lamer

海洋拉娜亮采緊緻粉底霜/01
30ml・NT$3300
👑 **緊緻必買**
貴太太口耳相傳的保養型粉底！我用起來感覺還蠻頂級的。珍貴的配方能緊緻肌膚、活化細胞，給妳最尊寵的保養和底妝，價錢合理，相當值得採購。

肌膚之鑰

光鍛粉膏/00
40g・NT$3500
貴婦級產品
👑 **彩妝師壓箱寶**
膚質沒這麼好的人，使用它不用擔心臉上會有厚厚的底妝。也是彩妝師的壓箱寶貝，更是此品牌的招牌粉底。妝效持久遮瑕效果好，如果想擁有淡一點的粉妝，可在使用時加一些乳液。第一代光潤產品遮瑕度高；第二代光鍛產品遮瑕度中等，但都是此品牌的招牌產品之一，只需上一顆紅豆大小，就有整臉的遮瑕度，記得多上一點乳液再用！

RMK

水粉凝霜/101
30g・NT$1460・**彩妝師推薦** 👑
彩妝師介紹我用的喔，它是此品牌較新的口碑產品，控油性好、質地清透輕薄，用量超省，一次一顆紅豆的份量就夠了，買一罐可以和自己長長久久。持久度佳，我曾試過於外景使用，一整天都不需要補妝。

愛美神爆好料

攜帶式粉凝霜

雖然它攜帶方便，上妝也方便，但缺點是比較容易乾掉，所以平時一定要把蓋子蓋緊，如果不小心乾掉了，可在上面噴一些化妝水或加一些乳液，將其mix，便可再次使用啦！

Covermark

魔術粉餅/N-10 SPF33 PA＋＋＋
12g‧NT$1280‧蕊心NT$880
魔術遮瑕 ♕
圈內某位當紅名媛愛用，曾看雜誌採訪，說她的化妝包不能沒有它，它是此品牌的招牌產品，遮瑕力很好，我一個愛用它的朋友，都用來蓋住臉上的黑斑或小疤，絕對不愧魔術粉餅的美名。

SK II

潤彩活膚粉凝霜/ OB2
15g‧NT$1600

含有4倍Pitera，能活化肌膚，發出絲緞光澤，讓肌膚得到保養和美妝的同時功效！是液狀和粉底二合一的產品，卻看似膏狀。可不需要再用蜜粉。使用時需要快速推開，或者可多擦點化妝水或乳液，才不會覺得乾。建議在夏天使用。

Chanel

粉凝霜/05 SPF10
15g‧NT$1700

含有38％水份，可讓粉底濕、薄、透、絲緞般的質地，推開它有一種薄霧感，我使用它可以不撲蜜粉，讓它宛如自己的肌膚一般自然。

Lola

Cream Foundation Duo/Fair
10g‧**方便必買 好萊塢愛用** ♕
好萊塢美女愛用的產品，聽說卡麥蓉迪亞非它不出門咧！膏狀質地、延展性很好，適合中性偏乾的膚質，絕對不用擔心變成乾妹妹喔！一盒有兩色，可互相搭配調色，總會讓人搞不清楚妳到底有沒有上粉底，就我所知，它已在圈內悄悄流行了。

SR

超水凝保濕粉底/9
粉盒NT$850‧粉蕊NT$1280

摸起來很像嫩豆腐，保水量再創新高，竟能達到80％耶，真是有夠水喔！但使用的方式比較特別，需要用海綿以同一個方向擦起，以免豆腐般的質感結塊。擦在臉上的感覺相當水感舒爽。

高薄透打底 是妝感小美人必學的第一步

41

噴霧式粉底

SK II

噴霧型粉底/OP-1
日幣9500日本獨賣

新發售的超級商品，最大的特色
是可以聰明的自動避開眉毛睫毛的
區域，但使用完需等待一點時間，讓妝效服貼。粉底很
薄，有自然裸妝效果，但需要多多練習，以找到最適合
自己的距離使用。千萬不可馬上用手或海綿推勻，以免
把妝弄花；也可先上一層粉底再噴局部，製造亮澤感的
妝容，可替換蕊心（兩蕊一組，5m1X2可單買）。

MAC

STUDIO MIST FOUNDATION
噴霧式粉底·50ml·NT$1400

粉底很輕薄，雖然是噴霧型，卻不能直接噴在臉上，使
用它時請先噴在手上，再用刷具或海綿弄均勻，限量產
品，只能在旗艦店買到。

粉條

以前的粉條比較厚重，好像舞台妝才用的到那樣，現在的比較輕
薄保濕，不會讓自己好像戴上了厚厚的面具。以前都是直接塗抹
在臉上像印地安人一樣，再輕輕推勻，現在有個讓粉條使用時更
輕薄的方式，就是直接用刷子沾起粉條，再將粉塗抹在臉上，就
可避免上的太厚重！

我喜歡拿粉條來蓋身體的疤，遮瑕效果不錯喔！

Bobbi Brown

1號粉條
9g·NT$1200

此家牌子所有的粉底產品
都以黃色為基調，持妝度
久，但粉質略微偏乾一點
點，建議可多擦點乳液再
使用。

MAC

NC15 粉條
9g·NT$1100

一般人對它的評價都不
錯，滋潤度高，和其他粉
條比較起來也略微薄透，
沿展性高、好推開；顏色
選擇性多。

如何把粉餅變好用

粉餅我比較不建議直接用它來打底，容易讓肌膚看起來太粉感、沒光澤、不透明；除非妳粉忙，沒時間好好打底再考慮使用。近來，粉餅系列商品已經保濕輕薄許多，但我還是建議拿它來當補妝產品，譬如：想蓋住T字出油的部位，只要用粉撲按壓幾下，就可達到理想的補妝效果。

至於經過壓縮的蜜粉餅呢？質地比較輕薄，肌膚比較有空間深呼吸，但遮瑕力不若前者，適合肌膚狀況良好的人。

那上粉餅有啥小技巧呢？我建議小愛美神們，千萬別大把大把的猛擦，因為這樣很容易擦得很厚；此外，用粉餅時節奏一定要放慢，量不要太多，一次一次慢慢按壓、擦勻，才不會擦過量嚇死周圍的人！

基本上一罐粉餅我一年都用不完，要不然就是被我不小心摔到打破…在這裡我有個惜物妙招，那就是去美材行或DIY原料專賣店買透明小罐子，再把用不完或者不小心摔裂的粉餅裝進去，還可當蜜粉再度利用喔。

高薄透打底 是妝感小美人必學的第一步

43

Women's best friend is fodation

20入圓形粉撲
NT$99

很多人都會忘記清洗或更換粉餅裡面的粉撲，它平常悶在粉餅盒裡，很容易滋生細菌，愛美神特別提醒大家，這時候妳不如買這種一大包的粉撲，它價錢便宜可以用完就丟喔！屈臣氏有賣。

愛美神爆好料
粉餅撲

愛美神爆好料
粉餅

MAC

粉餅
NT$1600・專業人士愛用

是名模和彩妝師的愛用品之一！妝感很強、遮瑕度超猛、妝效完整、顏色很多，適合夜生活或參加派對使用，也適合用來補妝，是人氣強強滾的超級商品。

肌膚之鑰

光勻粉餅
13g・NT$3350
貴婦口碑品必用

幾年前就已經是貴婦圈裡的口碑品，這也是她們介紹我使用的，現在又添加了高科技的滋潤淨透粉末，能讓肌膚的小瑕疵隱形，又可維持肌膚的飽水度，展現裸肌的豐瑩透徹，顏色比較偏紅潤感。

Albion

夏季雪膚粉餅\W
11g・NT$1450

網路評比第一名，也是知名彩妝師建議我用的，聽說日本妹很愛用，在日本大暢銷。質地清透潤澤，還添加了抗氧化成份。最特別的是，它的粉質細緻到可用彈的方式上妝喔，補妝也不會越補越厚。

Lancome

清透紗持久無瑕保濕粉餅
15g・NT$1350

不掉粉、控油度佳、可長時間不用補粉喔！冬天新出的粉餅比較保濕，夏天的清透紗UV持久無瑕粉餅，控油度更好。

高薄透打底 是妝感小美人必學的第一步

45

Dior

光柔毛孔緊緻粉餅\100
SPF20 PA＋＋
NT$1150
細緻必買 ♛

使用起來最具粉霧感。擁有其品牌一貫以來的良好口碑！之前的美白粉餅非常搶手，新產品運用了超厲害的奈米科技，讓粉末更細緻，造就了超高的服貼力，還可收斂毛孔喔。

Chanel

美白粉餅10號
SPF25 PA＋＋＋
NT$1600
女藝人愛用 輕透必買 ♛

此品牌的暢銷天后。我最愛它的粉質，能讓妝感清新自然，又有不錯的防曬係數。我每次用它來補妝，都不用擔心越補越厚！我也常看到很多女藝人使用。

愛美神爆好料 **補妝小道具**

Kanebo

InstantStick立即棒
日幣252 日本獨賣 開架商品

棉花棒狀，共有兩包，一包是卸妝用、另一包是補妝粉底，非常貼心方便。

愛美神爆好料 **定妝小道具**

Laura Mercier

完妝凝露
29ml · NT$1000

完妝後的定裝產品，可讓妝效持久，不易花掉、還具保濕功能。它的使用方法很特別：只要擠一顆紅豆大小在手背上，再用手指輕輕推勻、輕輕按壓使其呈透明狀，再上在容易脫妝的臉部部位，切勿直接在臉部推開，以免妝花掉喔。

Paul&Joe

橙花液晶保濕補妝膠
15g · NT$950

一般來說，妝後的保濕不是很容易，因為妝很容易花掉，此產品不會有這樣困擾。它的保濕度高、能強化妝後的保濕感。但使用方法同上：只要擠一顆紅豆大小在手背上，再用手指輕輕推勻、拍打呈透明狀，再上在需要加強保濕的臉部肌膚，切勿直接在臉部推開，會有妝糊掉的慘劇喔！

國際當紅完美肌創造法——薄透遮瑕

*chapter*4

美妝策略4 厚重蓋斑 完全落伍又傷膚

關於創造無瑕疵美妝這件事，在多方奔走、到處走訪專業大師之後，我可有很多獨家的心得喔！國際當紅的完美肌創造法，都是薄透的底妝，加上重點遮瑕就夠了，這樣才能讓肌膚還保有自然的光潤感，但到底該如何讓黑眼圈或臉上討厭的斑斑點點隱形呢？到底先上蓋斑膏還先上粉底呢？坊間說法紛紛云云，每人答案也不盡相同，現在就讓我來解除小愛美神的困惑吧！

　其實我自己是沒這樣的困擾啦，感謝我的爸媽，給我不太需要煩惱和費心的肌膚。但偶爾，我也會有黑眼圈的問題；到底不小心變成熊貓眼該怎麼辦呢？我會先用一層薄粉底全臉打底，再用厚一點的粉底打在要遮的部位即可，不需要打得太重、太厚！曾經有朋友

告訴我她的獨門偏方----用厚重的遮瑕膏重重一直打在瑕疵部位。但這真是欲蓋彌彰的做法，只會讓皮膚更受傷、更脆弱！肌膚更乾燥！

我強烈建議，如果妳的黑眼圈不是很嚴重，還有一招可以?妳：只要打一個成功的粉底和蜜粉，不需用遮瑕膏，再上打亮產品和眼影即可，就可以造成反差，讓人忽略妳的黑眼圈，效果反而好！那些想靠遮瑕產品救亡圖存的人，趕快改變舊觀念吧！因為現在的粉底和飾底乳比較發達，用厚重又大量的遮瑕產品來反覆遮蓋的時代已經結束啦！尤其是鼻翼兩側如果出現了暗沉，請不要用遮瑕產品大量遮蓋，因為這些產品本身比較乾，反而容易讓這些脆弱的部位長粉刺，讓毛細孔更加阻塞！

現在的遮瑕產品很聰明，不用打得厚重，就超有效果，而且還有很多選擇，一般來說，它們都有不同質地和顏色，以因應不同的肌膚問題，通常乳狀的產品遮瑕效果最低；霜狀產品效力中等；而膏狀產品效力最強最猛、也最厚！至於顏色呢，建議小愛美神用兩種顏色來調和、混搭！如果是黑眼圈的問題，現在的遮瑕產品有很多顏色可以選，可自行控制顏色來遮蓋，如果是臉上的痘疤問題，請用顏色深一點的遮瑕產品來蓋住！但一些綠色啊、粉紅色啊、顏色強烈的遮瑕商品，一般人不需要的也用不到，不用破費買它。反而只要買接近膚色或比膚色淺一號的遮瑕用品才對，否則，只會更凸顯妳臉上的違章建築慘不忍睹！

遮瑕筆是不錯的東西，它非常適合用在突然冒出來的青春痘、成人痘等一些小範圍的瑕疵上。而妳萬能的手指指腹，將是使用這些遮瑕產品的最好工具！因為它們更精準又可讓遮瑕產品不那麼乾！

如果遮瑕範圍比較大，請先用指腹把遮瑕產品輕拍、輕點，再用刷具輕輕推

開於臉上，好像拿畫筆畫畫一樣，把妳不想看見的東西一點一點的蓋住！眼部周圍比較需要高滋潤的遮瑕霜，但千萬別把遮瑕產品推得太開，這樣遮瑕的效果就不見了，還會讓妝感變厚重，影響妳的自然美。

總之，遮瑕產品是有正面效應的，我曾看過彩妝師動動手，就把進入警戒狀態的問題肌膚拯救回來，還它應有的水亮和透明。現今市面上已有打亮和遮瑕二合一的筆形產品，不但可遮瑕，還可打亮T字部位，非常值得購買！

Claudia's Secret

愛美神處理太乾遮瑕品的方法：如果遮瑕品太乾，可用指腹在產品上多畫幾圈，用指腹溫度暖化它，或加一點乳液在上面，以免因為太乾而無法延展開來，再用小刷具當輔助道具，效果會更好

愛美神爆好料 遮瑕品

肌膚之鑰

遮瑕膏
NT$1600
高度遮瑕 彩妝師愛用
彩妝師的口碑品，屬高度遮瑕商品，遮瑕功力很強，只要一點點就有超高的遮瑕力，用小刷子沾著它來使用，效果更好！我曾看過彩妝師用它把有嚴重斑點的肌膚，變成白嫩雪膚，是非常專業的狠角色！

Inoui

中高度遮瑕膏
日幣4700・**日本獨賣・出國必買**
彩妝師和藝人早在多年前就人手一盒了，是愛美神出國必買的**急救商品**！它不會讓肌膚乾澀，遮瑕效果好，一盒雙色附刷具，是去日本旅遊千萬記得要搶購的寶貝！台灣現在也買的到，不過要去特定的美材行才有！
宏賓美材行有賣
宏賓美材行地
址：頂好名
店城2
樓

Covermark

魔術粉底
蕊心NT$880．高度遮瑕．當紅名媛愛用貨

是此品牌長年的首席產品！但它其實是粉底而不是遮瑕膏，因為擁有很高的遮瑕力，我都拿它來蓋小疤痕，效果不錯，可更換蕊心再次使用。

KP

煥彩遮瑕膏
10g×2．NT$1000．黑眼圈必買 中度遮瑕

如果妳的黑眼圈怎麼蓋都有烏青顏色，這個產品絕對可以滿足需求！我曾試過拿眉筆把手塗黑再用它來遮瑕，竟然什麼都消失了耶！它一盒有兩支，使用前一定要先用橘色遮瑕膏蓋住黑眼圈，上完粉底後，再用淺黃色遮瑕膏蓋住它，效果超級讚！記得都要推勻喔，如果覺得太乾，建議使用前多上一點眼霜。

Make Up Forever

魔力防水遮瑕霜
15ml．NT$1200
防水必買
中度遮瑕

這個品牌之前的拉提蓋斑膏就很好用，此款剛推出的商品是我愛用的超神奇產品，因為我腳上有疤。別看它是乳液狀的輕薄狀，但竟厲害到可以蓋疤，遮瑕效果很好，而且非常防水喔。

Ayura

控色調膚棒
NT$850
彩妝師推薦 中度遮瑕

這是彩妝師推薦我用的。它的設計很貼心，為兩頭的筆狀，方便由妳針對自己肌膚的小狀況自行挑選！選擇很多，有不同的顏色、不同的功效，可改變膚色、填補粗大毛細孔，也可去除油光。

香緹卡

遮瑕膏
NT$2800
保養必買 輕度遮瑕

鑽石級的遮瑕產品，有類肉毒桿菌
模擬因子的抗老成份，可以一邊遮
瑕一邊保養肌膚，但只適用眼睛周
圍部分。滋潤度很高，能讓脆弱需
要細心呵護的眼部肌膚得到顯著的
改善。但較不建議眼睛易出油者使
用，因為容易讓眼妝花掉。

Make Up Forever

n100　修飾筆
2.1g・NT$550
輕度遮瑕

兩頭、雙色的設計，可精
準的對付小範圍的痘疤痕
跡！也可用來修飾調整嘴
唇附近的顏色。

Laura Mercie

雙色遮瑕盤\ SC-2
7.7g・NT$1000
好萊塢明星愛用
中度遮瑕

害怕油膩膩的遮瑕膏？請選擇它
吧！它是很多好萊塢巨星的愛用品，也
是它們的明星商品，有很多配色可以選
擇，我大部分都是夏天使用，使用前請
用指腹在產品上畫圈圈將其溫熱後才好
抹勻！乾性皮膚者，建議使用前多上一
點乳液。

YSL

明彩筆
2.5ml・NT$1150
知名彩妝師強烈推薦
輕度遮瑕

這一支不用我再多介紹了
吧，某位知名彩妝師已經
強烈介紹它很多次了！它
擁有輕度遮瑕力，延展性
高、方便輕推，用途多
元，可提亮肌膚，也可用
來改變畫壞的彩妝，如果
有機會出國，到機場免稅
店就快搶購吧 1

Effusais

藥用荳蔻遮瑕膏
12g・NT$680・輕度遮瑕

它是很貼心的設計，可讓臉上小痘痘得到改善，
又可同時擁有遮瑕的效果，它有藥性功能，可抑
制細菌滋生，使痘痘泛紅的部位得到紓緩。

Cosmetic changes everthing

MAC

眼部打底霜\Light
輕度遮瑕・NT$600

它是眼部打底產品，而不是遮瑕膏，如果妳的黑眼圈不
厲害，可以直接把它擦在眼部周圍當作淡淡的遮瑕產品
（這是我常用的一招啦），又可讓眼影顯色持久，真是
一舉兩得！質地不乾澀，延展性高。

愛美神爆好料

提亮肌膚產品

Benefit

粉紅教主亮彩露
13ml・NT$950

粉紅色光澤比較內
斂優雅，添加了珠
光而不是小亮片，
讓妳擁有健康自然
的公主魅力！質地
水感，我都先點在
手背上，再輕輕拍
打，讓它稍微乾一點，會
比較好上妝，也不易讓妝
花掉。

資生堂

美人心機聚光粉蜜
NT$900

上完粉底後，可再
單獨堆疊在鼻子或
T字部位，乳膏狀
質地，不易讓妝花
掉！

有珍珠白、古銅金
兩種顏色選擇。

Dior

舞台柔光筆
1.6g・NT$1050

產品是筆型的設計，
使用起來很方便，
含有小粒子珠光，上
在T字部位或眼睛下
面或顴骨部位，都可
馬上提升亮度，讓臉
馬上立體起來！此為
005號。

STILA

Liquid luminizer fluide
illuminant・NT$700

可加在粉底裡使
用也可單擦，有
五種彩度的光，
光粒子很纖細，
可創造低調自然
的好膚質，還含
有小亮片，使用
後馬上讓人眼睛
為之一亮！

Make Up Forever

星光亮粉
2.8g・NT$650・跑趴必買

超厲害的打亮產品，可混合在
腮紅、粉底裡一起使用，或擦
在身上，讓內含的金色珠光在
臉上若隱若現，散發華麗的金
屬光澤，適合晚上使用！

提亮 修容 定妝——蜜粉的魔法

chapter 5

美妝策略5 膚色及透明色蜜粉
小愛美神必學入門款

蜜粉主要用來定妝,這幾年的蜜粉趨勢,已經越來越輕薄、保濕、透明,有的還有添加了珠光、控油的功能,真是越來越高智商了。不像以前只能把臉塗得厚厚一層好像裏麵粉一樣,現在,簡簡單單就能擁有服服貼貼、自然然的好臉色!它還多了很多顏色選擇,方便修飾膚色。像前陣子超流行的

紫色蜜粉,其實是被化妝品專櫃小姐過度誇大功效的,雖然它可以打亮膚色,讓氣色煥發到不行,但白天的太陽光一照,卻會讓妳好像嚇到臉色發紫!它比較適合夜晚的柔和燈光,可以修飾過黃的氣色,增加臉上的聚光效果,但請小心的控制用量,以免造成「驚人」的視覺效果!

愛美神想碎碎唸一下,其實任何有顏色的蜜粉都需要控制用量!因為它們都是為了改善膚色而孕育的,千萬別擦太多,以免矯枉過正產生反效果!

其實,一般膚色的蜜粉

最適合大家，它還有輕度的遮瑕力，能讓臉上的違章建築不那麼明顯；而透明色蜜粉不會改變粉底顏色，比較無遮瑕效果，只會讓臉部散發淡淡的粉質光澤。我比較建議小愛美神入門款選購膚色蜜粉或透明色蜜粉，這都是不錯的基本款喔！

　　一罐蜜粉常常用不完，市場又常常推出很多新產品和不同功效的蜜粉，如果都想買怎麼辦呢？建議大家可以和朋友一起share，或和公司同事合購蜜粉，再用透明小罐子分裝成不同顏色和不同功效的，不但可確保大罐蜜粉的新鮮度，出國或外出旅行也很輕便。這些小道具可在後火車站的儀器容器行可以買到，很好用喔！

購買透明小罐子（一個大約30元）的好地方

青山儀器	TEL：02-25587181	北市鄭州路31號
龍洋儀器	TEL：02-25585392	北市太原路127號
宏星儀器	TEL：04-23051617	台中市公益路127號

　　我其實有很多不同顏色的蜜粉，這樣才能依照不同的場合、選擇不同的顏色，讓肌膚散發不同的感覺和氣色，我還會採用「區分法」，先用膚色或透明色上滿整臉，再用有顏色的蜜粉加強需要修飾的部位，增加臉的立體感，譬如我會在T字部位和眼睛周圍，使用淡一點的珠光白或淡粉紅色的蜜粉，用來打亮。如果想用來調整膚色，請在飾底乳和珠光粉二選一，千萬別兩者都用，那會太過頭，造成反效果。

　　此外，黃色系能修飾暗沈的膚色；粉色系能讓白慘慘的肌膚增添亮度和好氣色；白色系或珠光能增加臉部的立體感；深色系則能修容、製造小臉效果並加深輪廓（只要把粉塗在臉部周圍即可）。

此外，常有人問我到底蜜粉刷好呢？還是粉撲好？其實蜜粉刷和粉撲功能不太一樣，適合的膚質也不同；一般而言，蜜粉刷刷起來的感覺比較細、透明、粉不易打的太厚，但用量兇，比較容易造成浪費。粉撲呢？它的定妝效果好，妝也比較可以上的精緻持久，尤其鼻翼兩側，用粉撲補強效果真的比較好！

油性肌膚的小愛美神們，請用粉撲上蜜粉，因為這樣比較持久，尤其是惱人的T字部位，請按壓兩次，這樣妝會比較不易脫落！至於刷具怎麼用呢？愛美神的方法都是先把蜜粉倒在鋪平的衛生紙上，再用刷具把粉沾勻上來，然後在臉上以打圈方式輕刷。

粉撲呢？請把粉倒在粉撲上輕柔幾下，再直接按壓在臉上。如果要補妝，因為用過的粉撲上面已經有粉，所以輕彈一下就可以直接用。但粉撲容易孳生壞細菌，所以大家記得一定要一週洗一次，要不然，聽說上面孳生的細菌會比馬桶蓋還猛哩。

Claudia's Secret

愛美神上蜜粉的秘招 1：這是彩妝師教我的，上蜜粉時，先用粉撲把整臉上勻，再用刷具把粉刷薄，這是兩全齊美的辦法，可以兼顧完整度與輕薄度。

愛美神上蜜粉的秘招 2：想讓膚質看起來水亮水亮，可減少蜜粉的用量，蜜粉上得越少，越能讓肌膚自然透亮。

Claudia's Secret

愛美神使用粉刷的方法：由臉部中心向外，以順時鐘畫圓圈的方式上粉。

愛美神爆好料
蜜粉刷

時尚專業蜜粉刷\187\120\
NT1500 　（配圖4722 中187 右120）

這是我最愛用的刷具品牌。寬度大隻的刷頭刷起來比較均勻好用，範圍也刷的大。

豐富的毛量則可讓上妝速度變快，松鼠毛山羊毛等質材，刷起來比較柔軟舒服。

Claudia's Secret

愛美神使用粉撲的方法：請由下往上、用按揉的方式在臉部上

愛美神爆好料
蜜粉粉撲

　我喜歡大的粉撲，手感穩，壓的面積也均勻。它的質材一定要很舒服柔軟，使用在臉上才好。我不喜歡使用長毛型的粉撲，它不易把粉沾勻，並不好用。買蜜粉附贈的粉撲，像香緹卡、KP，他們的粉撲都很大，很好用。就算粉用完了，我還是會留下來繼續沾別家的粉使用，這是省錢又惜物的密招！

提亮　修容　定妝——蜜粉的魔法

Make Up Forever

黑色大粉撲
NT$ 400

造型時尚、質地柔軟。相較於一般白色粉撲用久就看起來很髒，這個比較不易看出髒污的程度，但還是要請大家定期清洗。

愛美神爆好料

蜜粉刷具

植村秀

伸縮蜜粉刷
NT$1250

可用來補粉餅的妝或蜜粉的妝，也可用來刷腮紅。

日本品牌

蜜粉補妝小道具
日幣750．開架商品

這是我在日本發現的隨身攜帶型小蜜粉盒，不想帶粉餅補妝，可以把蜜粉直接裝進這樣的小罐子，再用附贈的粉撲上妝。也可以裝腮紅粉，一樣好用喔。

愛美神爆好料

蜜粉

Make Up Forever

n34 n8 n18 n0 n2 n16
六色蜜粉
120g．NT$3600

多顏色必買

我常看到很多彩妝師的化妝箱都有這一盒，一盒有六色，方便自由調色，搭配運用；不管妳想提亮、修容、改變膚色、增加透明度！這一盒通通顧到，而且價格實在，又有很多顏色任妳選，最適合喜歡玩彩妝遊戲的貪玩女孩使用！此品牌還有很多不同顏色和質地的蜜粉喔。

Lamer

輕盈無瑕蜜粉
輕盈必買

這是我用過最輕盈的產品，感覺臉上好像沒有上了厚重的粉妝。高科技的亞微米級顆粒（聽說比奈米大一點點），可讓蜜粉服貼在臉上，而且它很聰明的吸油不吸水，一點也不會有乾澀的感覺。

劇場魔匠

面具蜜粉

50g・NT$1260・開架商品

在日本大紅多年，已延燒到台灣來！雖是開架的價錢，卻擁有專櫃的細緻品質，但不知道是不是心理因素，我總覺得日本買回來的粉比較細緻耶，我曾和彩妝師討論過，他們也深有同感！以前只有一個顏色的選擇，現在的顏色多了選擇性，價錢便宜。

Laura Mercier

Translucent 透明蜜粉

29g・NT$1700

此為好萊塢巨星最愛用的產品，台灣的彩妝師也很愛用喔！它的透明度超高，妝效維持一整天不脫落，能給妳自然裸妝感。

資生堂

國際櫃蜜粉2號

4.5g・NT$1200

刷子型一體成型的蜜粉產品，非常適合隨身攜帶，趁人不注意時偷刷一下，補妝快速俐落!

植村秀

粉質型蜜粉\100

28g・NT$1250

一直以來它的卸妝油和蜜粉都是它的暢銷品，很多彩妝師朋友也很推薦它。顏色很多，偏粉霧感，遮瑕力很好！我喜歡用來它來刷T字部位和眼睛周圍，讓它們看起來比較明亮。

愛美神爆好料

保濕型蜜粉

KP

超透澤微粒蜜粉10號
25g‧NT$1500

是彩妝師口中的好用品，
也是此品牌的王牌商品。
質地滑順不厚重，妝效維
持度很長。附贈的粉撲我
相當喜愛，觸感很柔軟，
擦在臉上好舒服，是我愛
用的產品之一。

肌膚之鑰

Translucent蜜粉
30g‧NT$2700‧**貴婦級產品** 👑

雖是透明蜜粉，卻有月光
般的朦朧感，上妝後顏
色白晰得很細緻，
還有若隱若現的閃
亮粒子，比較建議
晚上使用，如果白
天使用，粉底可能
可搭配深一點的顏色會比
較好。附有質材柔軟舒適的粉
撲。

Awake

炫光之星蜜顏冰粉\05
28g‧NT1450‧**保濕必買** 👑

77%的飽水度，讓它的保濕度超
好又長效！剛開始把它塗上臉，
會有一種冰涼感受，這是它叫冰
粉的原因。淡珠光的感覺很美，讓
妳像個光透磁肌娃娃，但有特殊的使用方
法，請大家一定要遵守，以免辛苦化好的妝花掉。

特殊使用方法： 因為它的質地很水漾，不可一次直接塗
在臉上，會導致辛苦化上的妝花掉，最好把粉少量的沾
在粉撲上，用量少次多的方式按壓在臉上，使用粉撲時
不可輕揉，會破壞粉感。

Stila

金色珠光蜜粉
35g‧NT$1400

使用方法和樓上的一樣，相似度和使用感覺有點接近。
號稱擁有60％的水份，能讓粉妝又保濕又通潤，使用
起來具有水漾感，但比較特別的是它含有高貴的金色珠
光，能讓妳艷光四射總在不經意之間。是朋友詢問度最
高的產品。

Claudia's Secret

愛美神的提醒：我曾經貪方便，把冰粉分裝到另一個小瓶子帶出國去使用，卻造成水分的大量流失，失去了這個產品引以為傲的飽水滋潤度，所以請小愛美神千萬別和我一樣，以免造成浪費！

香緹卡

絲柔蜜粉\Light
NT$2450

圈內女藝人愛用　人氣必買

圈內女藝人愛用，我自己也用了很多盒，是此品牌的當紅產品。保濕度好是它一貫的強項，粉質細到沒話說，還有微微的珠光效果。附贈的粉撲我相當喜愛，觸感很柔軟，擦在臉上覺得好舒服，是我愛用的產品之一。

愛美神爆好料　珠光型蜜粉

Make Up Forever

銀色珠光蜜粉 珠光型
10ml・NT$1300

它的選擇性最多，因為它來自專業學院，此產品的珠光小顆而閃亮，還有金色、銀色、多色珠光選擇，非常適合善變又愛炫的女孩使用！

珠光效果的粉是時下流行的化妝方法。但愛美神要請小愛美神注意，用量一定要適當，因為珠光會讓臉部肌膚有種「油亮」的錯覺，要是過量，人家可會把妳當成一座產量旺盛的油井喔！

不工作的時候，我愛上些珠光蜜粉，增加肌膚的水潤感。不過我都用迷你低調的珠光，而不是大亮片珠光，因為後者屬於跑趴整晚時使用！

而和阿娜達約會的時候呢，我也會用一點珠光，吸引他的目光，我會把它擦在脖子、鎖骨、肩膀，增加自己的性感指數和閃亮指數，曾有人對我渾然天成的珠光效果發出讚嘆，以為我的肌膚好到發亮耶，嘿嘿！這真是重度心機妝喔！現在，越晚我越愛用華麗閃爍的珠光粉，讓自己身上好像有幾顆 spotlight！

RMK

銀色珠光蜜粉/P00
25g・NT$1200

聽說是此品牌回購率最猛的產品，質地輕薄細緻，根據我訪問專櫃小姐的結果得知，上班族最愛的，是裡面有淡淡珠光的 P00號產品，就是有點亮又不會太亮那種啦！

Beaute de Kose

SPO30 星紗蜜粉
20g・NT$1500・閃亮必買

我晚上玩樂時必用它。日本妹的最愛，在日本超級大賣，我愛它內含的珠光、大顆又閃亮，是製造嘻哈妹bling bling look的超級推手。

Claudia's Secret

我也愛用深色來修容，它真是太太閃亮了，眼睛都閃得張不開了！我曾有朋友發揮創意，用它來塗抹在小腿，竟是渾然天成的隱形閃亮絲襪！

愛美神爆好料

特殊類型蜜粉

保養型蜜粉

Effusais

日間魔力細膚粉/ 亮褐色
8g・NT$1150

又是保養品又是蜜粉。如果和男友過夜不想卸妝，又怕偷化妝會傷皮膚，可以把它擦上臉一整晚！保養、化妝、愛情，通通兼顧喔！

給眼睛用的蜜粉

Laura Mercier

晶亮蜜粉/1
9.3g・NT$800

這也是我愛用的產品，它是眼睛專用的蜜粉，粉質更細緻。它有晶亮的小珠光，我愛用它來提亮眼睛部位和 T 字部位，能提升肌膚的白晰透明感。

愛美神爆好料
蜜粉餅

香緹卡

veil蜜粉餅
9g‧NT$2000多
輕薄必買
它是超細的蜜粉餅，顏色大都屬於象牙白之類的淡色系！觸感細緻，擦在臉上很透氣，妳幾乎感覺不到它的存在。

CHANTECAILLE

MAC

光纖蜜粉餅/Light
10g‧NT$880
含有淡淡的珠光，能讓氣色健康煥發，還可刷在臉上當珠光粉，加強提亮效果。

Albion Elgence

極緻歡顏蜜粉餅/1
NT$3500
相當典雅的產品！想進一步瞭解它的耐水性和耐油性，可以做個小實驗，在它多色彩的粉質表面沾一點水，妳會發現水根本無法溶解粉，反而只會形成水滴在粉餅表面上滾動。我建議用蜜粉刷來使用它，這樣會擁有更透明的妝感，對於肌膚明亮度的提升相當有效，但我建議晚上使用比較好，因為亮度很高。

Revue

水漾輕透蜜餅
NT$890
它的包裝很夢幻少女，很漂亮喔！打開來裡面有四種不同的白色和粉色系，還分珠光、一般型蜜粉。讓妳隨著要去的場合，刷出不同的粉感和妝感。

Kiss

珠光蜜粉餅
開架商品　日本獨賣
這是我在日本的藥妝店買的，帶有淡淡的金色珠光，還有相當可愛的包裝，我喜歡用來刷身體，內附小刷具，此為02。

Awake

炫光之星閃爍潤色蜜粉餅/F1 Bright
6g
一盒裡面有粉質、亮光、珠光三種選擇，可當腮紅、也可提升亮度，增添好氣色，但遮瑕度不若膚色蜜粉有效，反而因為可以製造一臉閃爍繽紛的亮采，比較適合晚上使用。

brows, definer
browcolor, &
eyebrow brushes....

眉妝好用道具大發現

chapter 6

美妝策略6　寧可沒化妝 也要上眉妝

眉毛很重要，因為給人家第一印象的就是眉毛，不管妳是可愛眉、冷豔眉、大剌剌眉，切記，千萬別擁有讓人覺得距離感太大的眉型！譬如淡掃蛾眉的代表人物徐若瑄，她的放電力就超強喔！

基本上眉型太剛硬、線條太粗，會讓人不敢接近，降低放電指數，所以小愛美神，趕快料理一下眼睛上面那兩道毛毛蟲吧！

但我相當不建議紋眉，因為眉型的流行性太強了，前陣子是挑眉、細眉，現在又變成個性眉、粗眉，紋下去可是定終生耶！一定會後悔的！

至於要如何畫出適合自己的眉型呢？基本上，我會以自己的眉型為基底，再根據時尚風潮略做調整，讓它的流行感很彈性；此外，我是不剃眉毛的，只是把一些雜毛拔掉。其實除掉眉毛，用鑷子拔掉比較好，等它長出來的時間也久；千萬別讓化妝品專櫃小姐為了推銷產品成功，而以幫妳修眉毛當釣餌喔，因為為了速度，她們愛用剃刀除掉眉毛，這樣卸妝後，可會把男友嚇到的！

至於眉型的選擇呢？我都用淺咖啡色的眉粉勾勒形狀、打草稿，再上深色的眉粉補強塑型。眉尾的部分則會用眉筆拉長線條；但千萬別畫得太剛硬、太黑，這樣會讓人家對妳怕怕的……而自然的淺灰色、咖啡色就是人緣妝的必要顏色！

小愛美神們，如果妳對畫眉毛有障礙，市面上的畫眉補助器是不錯的選擇喔，它的功能設計得很齊全，除了畫眉，還可

以用來修剪眉型，讓妳擁有完美的眉毛；至於眉毛稀疏的人，如果擔心眉毛因為下雨，流汗或游泳時「遇水則消」，則可先用眉墨或防水液打底，這是不脫妝的好辦法！

　　建議小愛美神隨時攜帶眉筆，方便隨時補妝，以免汗水雨水弄掉了眉妝，嚇壞男朋友！

Claudia's Secret

愛美神的拔眉毛保養術：請在紅腫部位，用化妝綿沾一點化妝水滋潤，就會很快消腫喔！

愛美神爆好料

修眉小道具

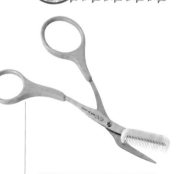

修眉鑷子
NT$30-100‧開架商品

眉毛用拔的長的慢，用剃的卻長的快，所以，各位小愛美神一定要買把鑷子，到鏡子前齜牙裂嘴拔毛囉！這種好東西各大藥妝店、美材行都有賣，請大家趕快人手一支吧！

眉線描繪器
NT$165‧開架商品
台隆販賣

各大藥妝店和美材行都有賣。功能齊全，除了畫眉，還可以用來修剪眉型，擁有完美的眉毛 so easy，so happy！

眉梳‧開架商品
各大藥妝店和美材行都有賣。

修眉剪刀
NT$250‧開架商品

這是我在台隆手創館買的小道具，一邊有梳子、一邊是剪刀，很方便，很好用。

美麗基礎 巧妝佈局

眉睫刷

比較常見的一種是寬硬的豬鬃眉睫刷，適合眉型清楚但眉毛稀疏的人使用。很多眉筆另一頭都有附豬鬃刷，不想花錢可以直接使用；另有一種扁平、刷毛較為柔軟的刷子，適合眉型不清楚的人使用。此外，它也可以當眼線刷，告訴大家一個好Ａ的管道，買彩妝時我都會像專櫃小姐要試用品的眉睫刷，刷眉毛也刷睫毛，像MAC專櫃，就很大方的贈送給客人，不用花錢就能得到專業好用的小工具，真是非常賺到！我都習慣把他們折彎，這樣刷起來比較好用又快速！

愛美神爆好料

眉刷

MAC

眉刷 266
NT$720

我愛用斜角型的眉刷，因為它的形狀正好貼近眉型。

Claudia's Secret

愛美神DIY眉刷的秘招：如果妳有不用或是多餘的眼影刷，如果刷子不太厚，可用剪刀剪成斜角。比較寬的部分適合用來刷眉尾；比較短的刷頭，才能用來刷眉頭。

眉妝好用道具大發現

眉墨有一種接近紋眉的感覺！我使用眉墨時一點也不用擔心眉妝脫落，但卸妝時要多卸幾次，我曾經為了幫大家試用眉墨的持妝效果，當了好幾天蠟筆小新，因為它真的很不容易脫妝。眉墨也適合水上活動時使用，建議大家局部使用或用來補強重點部位或易出油脫妝的部位就好，千萬別全部使用。

因為我的眉毛很黑的關係，所以我愛用染眉膏，把眉毛顏色染淡，使自己看起來比較柔和、女人味；染眉膏除了挑染的功能之外，還可固定眉型，讓眉毛不會掉色，非常方便！

如果妳怕一刷就過量，使得染眉膏整個糾結在眉毛上，可把刷頭在瓶口刷掉多餘的染眉膏，這樣使用起來就不會過度了。

愛美神爆好料
眉粉

Laura mercier

霓采雙色眉粉/soft blonde
3.4g · NT$900

獨一無二的乾濕兩用設計，擁有不易脫妝的妝效。

Stila

雙色眉粉 · NT$600

質地細緻、延展性高、容易推開、不易脫妝，包裝可愛有個性，每盒都有色系接近的深淺兩色，此為dark。

MAC

cork satin · NT$520

我都用它的眼影粉當眉粉耶！選擇很多，深深淺淺的黑色、灰色、咖啡色，讓妳可以擁有最貼近自己的精彩眉妝！如果妳不想再買眉粉，建議妳可以學學我，開發眼影的另類功用。

ff

三色眉粉
2.5g · NT$330 · 開架商品

一盒三色，是開架式的熱賣商品，我會把最淺的顏色當成鼻影，使用的時候我會先用淺色再上深色，因為淺色可以調成深色，或利用眼影粉來調，我常用的顏色是亞麻色。

Kate

三色眉粉
3g · NT$330 · 開架商品

一盒三色，最淺的顏色還可多功能的成為鼻影。體積小，方便隨身攜帶。

愛美神爆好料

超強類紋眉型產品

IPSA

幻顏眉型持久液
NT$630

女藝人愛用 👑

偷偷告訴妳，很多藝人都使用這產品，如果使用方法正確，號稱可以三天不掉眉！很適用眉毛稀疏的人使用，但使用方式比較特別：請於清潔完的臉上使用，因為化妝水和粉末會阻礙上色。最好一天使用兩次：早晚各一次，連續三天就有很好的效果。但如果妳只需要眉尾、眉縫補強，就不需要這麼拼啦。

Kiss Me

眉墨・開架商品

耐汗、耐水、耐油質，是超不脫妝的產品，因為效果太顯著，請小愛美神們勿選用太黑的顏色，因為效果很假！請以灰色、深咖啡色系為主！

愛美神爆好料

眉筆

資生堂

心機眉筆・NT$1000・筆芯・NT$300

很方便的畫眉工具，它一邊是眉粉、一邊是眉筆，筆蕊較粗，畫眉的所有步驟，這一支全都搞定！我愛用的顏色是BR603，顏色超自然，想要眉目傳情，靠它絕對OK！

Sana

雙頭眉墨
日幣1200・開架商品
日本獨賣

超不掉眉必買 👑

史上最強接近紋眉功能！再也不擔心眉毛脫妝。它有兩頭，另一頭是眉筆，效果自然。建議可先用眉墨打底在眉尾或眉毛有缺縫的地方，再用眉筆描繪一次。

愛美神爆好料

眉型固定劑

Sony CP

眉型固定劑
開架商品

眉妝打底的重要工具，耐汗水以及皮膚分泌的油脂，是維持不脫妝的秘密武器，如果沒有買超強不脫妝的眉墨，可用這產品替代！台隆有賣。

Estee Lauder

眉筆
NT$820．**最細必買**

也是我的最愛啦！筆頭相當相當纖細，另一端還附有刷子，不用擔心出手太重變成蠟筆小新；另外它附有刷頭，相當方便，我已經用了好多隻，它有美麗的亞麻色喔。

MAC

超細纖眉筆
NT$500．**好畫必買**

筆芯為軟芯，維持一貫的時尚設計感風格！好畫又好用，我可用了好幾隻呢！此為Brunette。

植村秀

眉筆
NT$590．**用最久必買**

國內的彩妝師大都用這個！它是此品牌的招牌產品，鋒頭健，又可以用很久，顏色有很多選擇，質地又分硬蕊軟蕊，方便小愛美神的需求！最特別的是它的刷頭都已經被專櫃小姐削成扁平狀，這樣更方便上妝，使用也很順手。此外，植村秀的專櫃小姐很會削眉筆，總能把筆頭弄成鴨舌頭那樣的又扁又尖，所以每次當我的眉筆畫到扁平，我都回帶到植村秀專櫃請小姐再幫我削，建議小愛美神也可以這樣享受她們的售後服務！

Sana

三用眉筆
NT480．**多功能必買**
台隆或美材行．開架商品

開架式商品，一支竟有眉粉、眉筆、眉刷三種功能，適合平常用，也方便旅行用；眉筆屬硬芯式，需要多畫幾次！

戀愛魔鏡

斜面完美眉筆
網路價$330．開架商品

此款資生堂的開架商品，設計的相當用心，因為妳可以分開買，自行調配妳要的東西，譬如妳要眉筆加眉刷，或者眉粉加上眉刷，它都非常貼心的任妳自由選擇，此為BR771。

Cologn

拆線眼眉筆MAX1818．網拍價NT$40．開架商品

我發現幾乎每個彩妝師都有這一支，因為它便宜又好用，但它是像小時候畫畫的粉蠟筆一樣需要用剝的，再用刀子削得尖尖，但顏色選擇較少，且大都是深色，下手時請輕一點。一般美材行都有賣。

Canmake

染眉膏/ 01
開架商品

開架式當紅商品，日本賣得超好。它有超美麗的亞麻色，可增添迷濛的另類風情，這是我非常熱愛的顏色，我曾推薦給多位彩妝師使用，他們也一試成主顧，此外，它的刷頭小，相當好畫喔！

Covermark

染眉膏

它的特色在迷你刷頭，很好掌握妳想刷出的角度，染眉膏的量不會太多，不用擔心沾染的困擾，方便大家靈活運用，此為03。

MAC

染眉膏．NT$500

顏色選擇超多，方便小愛美神們自行搭配。染後顏色相當自然，不影響妝感，此為sophisticated顏色。

不同的眼線 決定妳是小公主 還是小惡魔

chapter 7

美妝策略 **7** 眼線不暈染、改變妳的眼形
無敵技巧大公開

眼線是讓眼睛亮起來的華麗伴侶。眼線可以改變眼睛的大小、寬窄、長短，也可以增加輪廓，甚至還能修飾改變兩眼之間的距離，或者是雙眼無神、過大過小的困擾！眼線還可製造女孩的風情萬種，讓妳有時候勾魂攝魄、有時候煙雨濛濛、有時候像少女漫畫充滿小星星、有時候專業俐落像辦公室裡高級主管。

不管妳想當小公主還是小魔女，千萬別忽略眼線的流行性與重要性！以前流行自然畫法，現在因為復古風，又開始講究粗、誇張、搶眼的畫法！以前流行把眼尾勾上去，現在時尚界又開始要大家把眼線畫到眼尾下端…所以請隨時密切注意流行趨勢，以免讓自己的魅力和時尚感敗在這兩條小小的眼線上！

也許是大家越來越重視眼線，這幾年眼線的產品也越來越好用，多元、方便、顏色選擇也多。但我還是認為，黑色是永遠的魅力主流，畢竟我們是黑眼珠的東方人嘛！強化我們的優勢比較容易，像前陣子流行白色眼線，但它比較適合畫在下眼瞼，或用來開眼頭放大眼睛…總之，想讓眼睛更圓更大更有神，請多多準備幾隻眼線液、眼線筆喔！

 ## Claudia's Secret

很多人會問為什麼明明用了防水的眼線筆，眼部還會暈染？其實，那是因為防水眼線筆防水卻不防油，如果真的要預防暈染，疊上一層眼影粉，再把下眼瞼撲上一層蜜粉，以免眨眼睛時，黑黑的眼線弄髒了下眼瞼造成暈染！

愛美神爆好料

刷具

有沾水、不沾水，專門沾眼線膠，描繪眼部兩種刷具。

MAC

208 號眼線刷
NT$720

可當眼線刷也可當眉刷，
刷頭是斜頭。

Make Up Forever

1N 眼線刷．NT$650

刷頭非常細，眼線的任何產品都
可以用。

Bobbi Brown

精細眼線刷．NT$700

刷頭比較扁圓型，握感很好。

愛美神爆好料

眼線筆

適合初學者用，使用簡單方便。一般來說，眼線筆時間久了，妝比較
容易花掉。但科技實在很萬能，最近已經有很多防水、抗油的新產品問
世，從此不再擔心了！

Lancome

立體大眼防水眼線筆
NT$720．**人氣必買**

某位知名彩妝師愛用，常賣到缺貨的hot產品！它的黑色比較偏灰黑色。想擁有
超自然的深邃大眼，請快來買這一枝！再猶豫一分鐘，別人就要買走了！這也
是我的愛用品，01是我的最愛喔，大家不妨參考看看！

Dior

防水輕柔眼線筆

1.2g・NT$600 **好畫必買** 👑

也是眾多彩妝師愛用的，超黑超好畫，可以輕
鬆的製造煙薰效果，眼神立刻顯亮起來！
這同樣也是我的愛用品，此產品為094號！

Stila

眼線筆・NT$850

有它在，不用擔心臨時有約會，
我愛它有三種功能在身上，能讓
眼睛變成星星美少女的眼影、眼
線、棉花擦頭……三種美妝，它
通通都有了！真是好用、好畫、
好美麗！一隻搞定！此為Clove
色。

資生堂

眼線筆・NT$600

雙頭雙色，雙種美麗，我喜
歡用淺顏色那一頭來畫眼
頭、下眼線，製造眼睛放大
的效果，再用深色那一
端畫眼線…到處都能電
死人，就是這樣辦到的
啦！此為D1，
大家請參考！

Chic Choc

炫亮眼彩筆・NT$450・**閃亮跑趴必買** 👑

幾乎每個顏色我都有買，是眼影、眼線
雙效合一的天使組合……添加了閃閃發
亮的小亮片，賣到全省都缺貨！除
了可以當眼線，也可暈染開來
當眼影，它有很多顏色
的選擇，是跑趴必
備的好東西。

MAC

持妝防水眼線筆
NT$550

蕊心很軟很細，畫
起來相當順手，適合
初學者使用。我喜
歡用它來開眼頭、
畫下眼線，這是放
大眼睛的專家手
法，所謂的「微整
型妝」，就是這樣
的意思啦！此為Gilded
White。

Chic Choc

WT01・炫亮白色眼彩筆・NT$550

一度賣到缺貨的產品，雙頭白，一邊有珠光一邊沒
有。可畫下眼瞼或開眼頭，顯色度高，珠光白那頭
添加了閃閃發亮的小亮片。除了可以當眼線，也可
暈染開來當眼影。

Claudia's Secret

愛美神使用眼線筆的方法：把上眼皮用手撐開，用眼線筆根據睫毛的根部部位仔細描繪即可！至於現在流行的暈染妝呢，只要用棉花棒或海綿的另一端把剛剛畫上的眼線輕輕推開，時尚勁妝馬上大功告成！

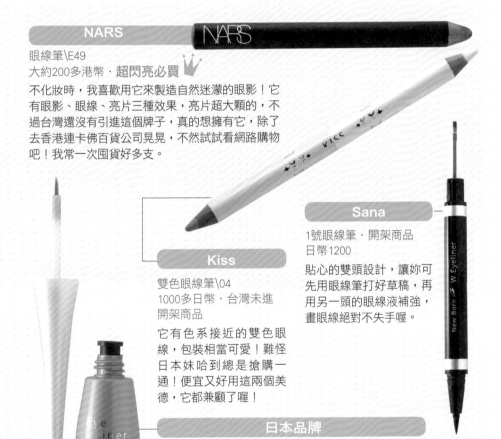

NARS

眼線筆\E49
大約200多港幣‧**超閃亮必買** ♔

不化妝時，我喜歡用它來製造自然迷濛的眼影！它有眼影、眼線、亮片三種效果，亮片超大顆的，不過台灣還沒有引進這個牌子，真的想擁有它，除了去香港連卡佛百貨公司晃晃，不然試試看網路購物吧！我常一次囤貨好多支。

Kiss

雙色眼線筆\04
1000多日幣‧台灣未進開架商品

它有色系接近的雙色眼線，包裝相當可愛！難怪日本妹哈到總是搶購一通！便宜又好用這兩個美德，它都兼顧了喔！

Sana

1號眼線筆‧開架商品
日幣1200

貼心的雙頭設計，讓妳可先用眼線筆打好草稿，再用另一頭的眼線液補強，畫眼線絕對不失手喔。

日本品牌

眼線一日維持保護劑‧NT$520

這是很屬害的設計，就算是眼睛淚汪汪的瓊瑤女主角，也不會流黑眼淚喔！台隆有賣。

眼線膠

近年爆紅的眼妝產品，延展性高，很好推開，但需要有畫眼線液的高超技巧，才能把它使用到位。而且需用眼線刷勾勒出漂亮的眼型，還可任妳決定想要的濃淡飽和度，就是這樣的概念啦！

愛美神爆好料

眼線膠

Bobbi Brown

流雲眼線膠6號
NT$750

這是眼線膠的始祖，擁有好手藝的彩妝師都會買這個來用喔，畫起來很滑順，顏色飽和度高，還相當防水，不怕汗漬油污，但是比較容易乾掉，用完後記得趕快蓋上蓋子喔。

MAC

Black Black流暢眼線凝霜
NT$600

根據我自己使用的感覺，我覺得它和前者很接近，一樣防水、不暈染、耐油；但當我和許多化妝師聊過後，他們表示MAC顏色比較黑一點，想正經想搞怪，就來買一罐吧。價錢比前者稍微便宜一點，適合青春潮女使用！

SR

冷焰眼線膠\01
NT$1180

和前兩者相較啦，它比較乾一點點，適合眼睛容易出油的美眉，顏色也很黑。貼心附贈刷子，可讓妳隨身攜帶！

眼線液

為什麼我要介紹這麼多眼線產品？因為這幾年它已是超超流行的彩妝用品！想走在時尚前端一定要有一支喔！日本妹又圓又大的烏溜溜眼睛，都是眼線液製造出來的！

眼線液的效果超搶眼，附著力佳，不易脫妝；要是擔心效果太誇張，現在有很多筆頭超細的眼線液，畫起來順手又自然。

愛美神爆好料
眼線液

Kose

美蒂高絲靡色眼線液・NT$850
握感很好，相當耐水，不易脫妝，此外它很快就乾，適合工作忙碌的女強人。

戀愛魔鏡

眼線液・NT$290・開架商品
人氣必買

彩妝師和網路評比都說超便宜又好用！我也覺得這是最抵買的開架式眼線液，它價錢便宜，不暈染，輕鬆就能畫出精緻的魅影眼線喔！

Claudia's Secret

愛美神使用眼線液的方法：以前初學時，我都先用眼線筆描邊，好像打草稿啦，然後我會再用眼線液照本宣科，這樣比較不會失手，也不用修修補補喔！

愛美神爆好料
按壓式眼線液

佳麗寶

Testimo按壓式眼線筆・筆NT$560・蕊心NT$280 順手必買
我超級愛不釋手！它可以一用再用，因為蕊心用完可以繼續補充！真是環保又省錢！它把手相當好用，為按壓方式，用多少按多少。筆頭可用很久，為了避免髒污，建議可稍微按壓久一點，讓墨汁多流出來一點，順便清潔筆頭。但可因應個人需求而清潔。

Inoui

按壓式眼線液‧日幣3000‧**一輩子好用** ♛

按壓式眼線液的始祖，我用了好幾年，很久以前日本雜
誌就一直推薦！它超級細，讓妳自由勾勒出不同的眼
線效果。蕊心可以換，屬於生生世世用一輩子的產品
啦！

Liner of Liner

眼線液‧日幣2400開架商品‧**日本獨賣**

號稱可維持一天不脫妝，我看是可以維持三天
吧！就算妳看韓劇，眼睛不停的洩洪，也不會
脫妝喔！厲害的很！可更換筆芯，重複使用。此為dark
black。

愛美神爆好料

用力哭也不怕的超防水眼線液

Reason Limit Liner

極黑眼線液‧日幣1200‧開架商品
日本獨賣

果然極黑！筆頭不是毛狀，不會變成粗大的
毛筆妝，使用時也不用擔心筆頭分岔。超防
水防汗防眼淚，演哭戲都不擔心脫妝。不過
得花多點時間卸妝，是超厲害眼線筆。

K-Palette One Day Tattoo

眼線液‧開架商品

號稱有刺青效果的眼線液，毛很細，
可維持24小時不脫妝。識貨的愛美神
在台灣沒進口時，早已從日本帶了很
多支分送好友，每個用過的，都要我
再幫她買一支！康是美有賣。

MAC

快捷防水眼線液
NT$650‧**超防水必買** ♛

我和彩妝師們一致覺得它超
防水，有很多鮮豔的顏色，
每個顏色都很飽和，就算日
曬雨淋，怎樣都不用擔心變
黑輪，快乾又持久。

愛美神爆好料

亮片式眼線液

Cyber Color

金屬感金色眼線液
NT$300・開架商品

它有小亮片，筆芯軟細，輕輕鬆
鬆就能畫出閃亮的氣氛妝！此為
限量產品，下手要快喔。

莎莎美容藥妝店獨賣

Urban Decay

古銅金眼線液
日幣2625・開架商品

日本獨賣
去日本必買 ♛

是日本熱門的開架商
品，亮片超大又金光閃
閃，一堆朋友問我在哪
買的，顯色效果好，自
然散發古銅金的優雅媚
惑。

愛美神爆好料

另類眼線產品

是極黑的眼影粉，可乾用
當眼影，也可沾水，自行調
配濃淡的眼線（加水使用後
更不易暈染），也有彩妝師
習慣使用這個，但需要搭配
眼線刷具。

Urban Decay

白銀色眼線液
日幣2625開架商品
日本獨賣・去日本必買 ♛
厚！超級難買耶，我跑了
好多家店才終於找到，是
日本熱門的開架商品，它
的銀白色是我認為最漂
亮的顏色，顯色效果
好，亮片大又閃亮，
超級炫光亮麗！

Tiffa

灰銀色亮片炫亮眼線液
NT$290・開架商品

較自然的亮片眼線液，總是賣到
缺貨，幾乎人手一支喔！質地水
感，銀色亮片細小，上妝前我會
把水分弄掉一點，比較不容易讓
妝花掉，筆芯超級細呢！

佳麗寶

Testimo白金持久眼線液・NT$530

顯眼的亮片，顏色偏金黃色，質地在黏稠
和水感之間，蕊心很細很好畫。

MAC

眼線盤・NT$520

彩妝師愛用品，可乾濕兩用，
為純黑色，乾的時候可以
當眼影，也可用刷子刷
當眼線，也可沾水當眼
線液，此為Carbon色。

好壞差很多　眼影上手step by step

chapter 8

 **別偷懶 眼影也需要換季**

眼影的變化很大，可以跟著衣服的樣式和顏色來搭配。但奇怪的是，我常常看見很多人都會換不同顏色的衣服，但眼睛上的顏色永遠始終如一，這是怎樣啦？眼睛都在抗議了啦！為什麼我天天都要穿一樣的衣服？所以，小愛美神們，請別讓同一款眼影百搭所有的造型，衣服會穿膩，眼影也會擦膩的喔！

　　眼影有很多畫法，當然要根據眼睛不同的形狀、大小，擁有不同的技巧和畫功！之前流行圓圓大大水汪汪的無辜眼睛，現在則要長長酷酷像中島美嘉一樣，甚至有點下垂眼，所以當然有很多不同的畫法囉！

　　以前很多人覺得巧克力美眉，不適合使用很多「特定」顏色，但我去紐約玩的時候，發現那裡的黑妞，都愛用那些我們所謂「不適合」的顏色，大紅大綠大藍大紫，都很有品味的搭在她們臉上，為什麼人家可以我們就不行呢？請大家大膽一點，勇敢一點，勤快一點，多找找適合自己的顏色吧，至少給自己三種顏色系列，一年都有四季了，記得讓眼影也要換季！

　　常有不成文的謠言和規定：那就是泡泡眼不能擦閃亮亮的眼影，這些八股舊觀念早被打破了！現在沒有什麼是不行的，請小愛美神放下芥蒂和障礙，大膽玩顏色吧！

　　眼影有很多不同的品類，基本上只要非粉狀，不管眼影蜜、眼影膏、眼影凍，其實都非常類似，只是質地，油質多寡不同罷了！一般來說，眼影蜜比較清爽，但顏色的飽和度和滋潤度呢，眼影膏更好！

不化妝時，我都會把淡淺色的咖啡色眼蜜上在眼窩，製造一點深邃感，效果相當自然，這也是我的作弊妝啦！這至少比其他「號稱沒化妝的心機妝」效果好多了！像某次我看到一個女藝人，明明擦的眼影都暈開了，我問她上的顏色是什麼，她竟告訴我她沒上！這時，我心裡的OS是：下次請問我如何幫眼影打好底妝，免得露餡了，讓作弊妝變熊貓妝！

　　平常我愛用膏狀霜狀的眼影來打底，因為它們顯色效果比較好，之後我會再用粉狀眼影製造漸層效果，用來強調重點部位，這是讓眼影顯色和持久的方法，也是彩妝師的專業畫法！

　　如果小愛美神實在搞不清楚到底先要上什麼，請記住！先用霜狀、膏狀、蜜狀、幕斯狀等濕型產品，之後再使用眼影粉等乾型產品就對了，這樣才不會造成眼影結塊的困擾！

Claudia's Secret

　　愛美神使用眼影棒的方法：用眼影棒沾眼影時，顯色度比眼影刷明顯，但下手請輕一點，以免顯色過度變成舞台劇妝，它的暈染程度比較佳，但眼影棒通常用十次就扔了，我覺得一般藥妝店賣的眼影棒，棒頭海綿使用起來比較密實，價錢也划算，就算用完扔了也不會心疼。

愛美神爆好料
刷具

Bobbi Brown

眼影刷・NT$900

刷頭很軟很舒服，取自天然動物毛，握感很好

Make Up Forever

10S號眼影刷‧NT$1300

這是我愛用的美麗道具！
它的刷頭可刷大面積的眼
影。

植村秀

眼窩刷‧NT$1500

除了可以用來打眼窩，也可以用
來刷鼻影，一物二用，是彩妝師
不離手的專業工具。

Make Up Forever

8S號眼影刷‧NT$1300

也是我的美眼武器！它的刷
頭稍小，可用來刷眼褶，或
暈染下眼影。

MAC

242號眼影刷‧NT$950

刷毛大又厚實，可用
來刷大面積的眼影。

YOSHI

可替換式眼影棒
NT$90‧開架商品

一般的眼影棒都是短短的，
它為長型，握感更好，還可
替換刷頭，非常方便！

MAC

213E號眼影刷
NT$800

刷頭比較扁平，適合用於
眼褶部位，但其實還是可
以根據個人需求，來決定
需要的眼影刷尺寸和厚薄
度。

YOSHI

可替換式眼影刷頭\15號
NT$29

YOSHI

可替換式眼影刷頭\14號
NT$19

屈臣氏有賣

其它眼妝道具

Benefit

魔幻水晶防水定妝液
15ml NT$1300

防水防脫妝，可使用在全臉，使用方式比較特別，請先用附贈的小刷子（共有大小四種，適用臉部不同部位，包括眼睫毛、眼線、眼影、眉毛）沾定妝液在需要防止脫妝的部位，待其快乾後再上妝即可。

Benefit

向上提升眼蜜
NT$900

是此品牌最賣的四件商品之一，可緊緻眼睛肌膚，消除眼袋，讓眼睛更有神，上妝前後都可用。

Make Up Forever

眼線轉換液
NT$750

神奇&方便必買 👑

魔術般的神奇產品，可把眼影粉轉換成防水眼線，再搭配眼線刷使用，就有懾人魔力的雙眼啦！

日本品牌

彩妝修正筆．NT$299

超多藝人彩妝師推薦，便宜又好用，日本還沒進口我就搶著買了，睫毛膏暈開或眼妝花掉，都可用此產品直接把它擦掉，馬上補妝。台隆有賣。

Smashbox

眼部緊緻工具

號稱眼部的小熨斗，擁有很好的提拉和撫平細紋的效果，妝前妝後都可以使用。我試用過後，果真感覺眼部有緊緻的提拉感受，感覺眼部肌膚很平滑，非常具有保養功能。

Visine

眼藥水

化妝前眼睛不舒服可以先滴，超涼，可讓眼睛更黑白分明。

Lycee

眼藥水·日本獨賣·開架商品

為眼睛充血時點的眼藥水，是日本大賣的產品，附有小盒子，方便隨身攜帶。此產品也適用於隱形眼鏡使用者。

愛美神爆好料

雙眼皮製造小道具

3M

雙眼皮膠帶

雖然現在有很多新式雙眼皮膠帶，但很多彩妝師還是用這種傳統型的產品，它不反光，眼影可直接覆在膠帶上，讓妳不擔心穿幫，輕盈透氣的質地，不會造成眼皮的負擔，只是用小剪刀修剪到適合自己的眼型時，需多花一點技巧和時間，連我有時候都會用喔！

Eye Liquid

雙眼皮黏膠
日幣1575·開架商品

這是我才從日本買回來的新產品，雖然是一般型黏膠，但顏色卻是接近膚色的咖啡色，使用後再上一層咖啡眼影，效果超自然，完全看不出痕跡！

Mezaik

雙眼皮黏膠·NT$

這是前陣子很受歡迎的產品，它是長條型的纖細線膠，使用時只要將外殼撕開，貼黏在眼皮上，再針對個人眼型的長短剪掉頭尾，就能塑造完美的雙眼皮喔，一般美材行有賣。

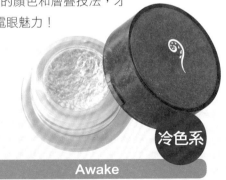

Tape Extra雙眼皮膠‧NT$450

也是從日本買回的新鮮貨,是最新一代
的雙眼皮膠,可埋沒到眼皮裡,完全看不
出來,超強力,超自然。宏賓美材行有賣。

超效眼影

很多人問我,想製造迷人深邃的眼睛,到底該怎麼挑選
搭配眼影呢?現在,愛美神決定打開私藏的眼影盒,讓大家知
道平常我都用什麼顏色的眼影,如何配色,事實上,眼影真的不用把色系全買
下來,也不一定要買同一品牌做為搭配,所以我一向都是國際牌眼影的愛好者
喔!因為我喜歡混搭,靈活搭配它們,好製造不同的效果和妝感!

在這裡我還要糾正小愛美神一個觀念:很多人使用眼影,都只用一個或兩個
顏色來搭配,其實這並不容易創造出眼影的漸層感和立體效果!像我們看到的
彩妝師作品或雜誌封面的模特兒照片,都是運用很多顏色,花費了很多工夫和
手腳,才能製造出漂亮的漸層效果和深邃感。(雖然大家可能看不太出來)

所以,小愛美神真的要多去搭配不同的顏色和層疊技法,才
能製造出不同的眼妝效果,散發不同的電眼魅力!

愛美神爆好料

淡色百搭系眼影

此為偏淡膚色的淡色系,有冷
色系和暖色系,它添加了光澤感,
可製造曖昧的閃亮效果,我常拿來
搭配大地色、古銅金、粉橘色和綠
色系。

冷色系

炫光之星 閃耀晶凍眼彩/01
NT$70‧可當底膏使用

質地為水漾凍狀,偏晶亮感,擦上去亮澤感
很重,可百搭灰色、銀色、藍色、紫色。

媚比琳

天使紗眼影幕斯\01
開架商品

輕柔粉紗感，質地清爽，
顯白，略有小亮片，01為
最暢銷的顏色。

冷色系

暖色系

Lovshuca

眼蜜\GD1．開架商品
具亮澤感，有細小亮片。

暖色系

Beaute de Kose

靡色甜心眼彩\ BE871．7g．NT$850
百搭商品，有淡淡的珠光和小亮片。

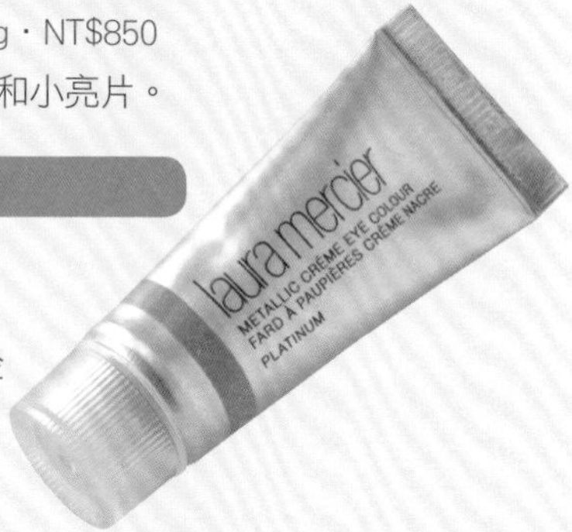

Laura Mercier

霓采眼影盤\ Platinum
1.4g．NT$750

有淡淡的膚色，添加了金
屬光澤，更增時尚感。

愛美神爆好料

安全大地色系眼影

如果不喜歡太炫目太珠光的粉霧顏色，那
自然穩重派的大地色，是永遠的選擇喔！

香緹卡

三用眼影．可當眼影底妝

超方便，超省事，因為它有三用組合，結合了眼
影、腮紅、眼線，一盒搞定！天然的植物性配方，不
傷肌膚，還附有精細又好刷的眼影刷，最適合粉領新貴
製造端莊穩重的專業感！

Chanel

Travel collection眼影盤，NT$1590，可當眼影底妝

此盒彩盤很出名，每陣子都會出不同的顏色，特別之處在於包括了眼影、腮紅、唇膏，而且顏色很適合一般大眾，都是安全色，如果趕時間上班，這一盒抵全部，既方便又實用！

Lancome

Coloe Focus Duo\103眼影
NT$1000

這組顏色賣得很好，美麗又濃郁的咖啡色擁有金色亮粉，乾濕兩用，可讓自己穩重端莊，沾了水在眼影上，也可擁有不誇張的優雅華麗感！

Lancome

Coloe Focus Duo\
CB157，NT$1000

也是此家品牌的熱門產品，是知名彩妝師介紹我用的，看起來顏色比較深，但使用後非常自然迷人。

Make Up Forever

n°139眼影
有盒子NT$650，蕊心
NT$550

可讓專業感再增添時尚感，添加了時尚的珠光，沾了水還可當眼線一起使用。

MAC

STEEP A84眼影，NT$520

彩妝師推薦，妝效自然，適合彩妝初學者使用。可先打底再搭配Charcoal Brown色，製造漸層效果。

資生堂

眼影

自然派的溫暖大地色，添加一點點珠光。

MAC

CHARCOAL BROWN A16眼影 · NT$520

可和前者調色運用，也可當彈性變成眉粉或淡淡的眼線！顯色度高，只要適量即可達到完美妝效。

愛美神爆好料

古銅金、咖啡金色系眼影

我超愛這系列結合，讓妳溫柔沒有殺氣！它兼具了流行和中規中矩的感覺，因為傳統的咖啡色我真的很厭倦，古銅金結合深邃感的自然，又不失年輕感，在時尚的舞台上也遙遙領先！小愛美神們，請放棄粉感的保守咖啡色系，它自然歸自然，但真的LKK啦！不如採用現在彩妝師都會運用的古銅金，讓自己充滿自信的亮眼感受，就算是巧克力美眉也適合！

RMK

眼蜜\07
NT$620 · 可當眼影底妝

很好看的古銅色，帶著一點點金屬光！只要畫古銅色眼影都會用此來打底！

Beaute de Kose

靡色甜心眼彩\BR372
7g · NT850 · 可當眼影底妝

顏色明顯，只要一點點即可達到所需要的效果，適合自然的暈染效果，我喜歡用來擦在靠近睫毛部位慢慢推到雙眼皮眼褶，就有很自然的深邃眼皮。

MAC

眼影棒\Fresh Cement
NT$550
可當眼影底妝

我都畫在手指指腹上，再從眼褶推勻到眼窩，效果自然還防水。

Laura Mercier

霓采眼影蜜 \Gold
3ml · NT$800
可當眼影底妝

只要一點點顏色就很飽
和，保濕度良好，延展性
優異還不易結塊，不化妝
我會打在眼皮上增加眼睛
的深邃感，妝效自然。

MAC

眼影棒\Corn
NT$550 · 可當眼影底妝

我喜歡擦一點在眼頭上，
作為眼妝加強之用。

MAC

Tempting眼影 · NT$550

眼影亮澤度高，帶有不同
反光粒子的金色，拿來做
煙薰效果很自然，是秋冬
不退流行的主角。

Chic Choc

GD01眼影
NT$550

一邊是可用來打底、
含有小亮片的霜狀質
地，一邊是眼影粉，是年
輕又華貴的古銅金色！

NARS

STAGE BEAUTY眼影
NT$1100左右

此顏色是新推
出的產品，也
立刻榮登暢銷
品。一個是一般
咖啡色，一個是偏紅
色系的咖啡色，內含細
小的微亮粒子。

資生堂

眼影幕絲 /H1

質感柔細，因為這顏
色是亮金色，我都拿來
開眼頭，效果很明顯。

Mary Quant

R62眼影 一盒360

含有小金色亮片，可以只單買蕊心，讓喜歡玩色的年輕妹妹可以自己買盒子來拼湊成一盒，也可以不買盒子，省下花費。

Integrate

絕色美人系列
魅惑之瞳眼彩筆 /BR791
NT$299・開架商品
可當眼影底妝

日本最新當紅開架品，很好推勻，當底膏使用非常方便，可長時間擁有極佳的顯色度和妝效，一隻筆就可製造當下流行的煙薰妝喔！價錢便宜又實用！非常值得擁有。

佳麗寶

Testimo眼影

每個顏色都有亮亮的大小亮片，我喜歡它的配色，讓你有迷濛感但又不失閃亮感。

Kate

魅彩眼影盒/ BR-1・4.3g・NT$400・可當眼影底妝
很多模特兒愛用喔，色感濃郁飽滿，攜帶也方便，此款為暢銷品，小愛美神們記得跟上流行！

愛美神爆好料
粉橘色系眼影

粉橘色不一定只能用粉橘色來打底，也可用粉紅色底或咖啡色系的底來打底，這都是相容的色系。

NARS

MEDITERANEE
NT$1200

此品牌的招牌色，也是銷量最好的顏色，粉質很細，顯色度高，只要上一點點就夠了。

MAC

ROSE A45眼影
NT$520

顯色度超強，還有超級亮片，輕輕擦一點，馬上成為 Party Queen。

Make Up Forever

n°15眼影
NT$650

簡直就是把好吃的水蜜桃
變成眼影,它一盒就能搞
定全臉,可當眼影,還可
當腮紅。

Lovshuca

PK2眼影・開架商品

包裝可愛,顯色度佳,
有細小微粒亮片。

戀愛魔鏡

眼影/17
開架商品

比較偏亮橘色,搭配
前者使用可以變得比較柔
和,非常青春襲人又卡哇
伊。

戀愛魔鏡

珠光亮麗眼影
NT$210・開架商品

比較偏粉紅色的橘
色。

Love Clover

no 3152 開架商品

包裝可愛精緻,日本妹超
愛,亮片夠閃,不管怎
樣,光看到迷人的包裝,
我就想衝動購買!

愛美神爆好料

粉紅色系眼影

如果擔心眼睛泡泡的,可混搭其他顏色,或加入
工具色或灰色系,增加眼睛的深邃感。

資生堂

PK364眼影・NT$900

不誇張,不搞可愛,
端莊穩重型的顏色
系列,共有四
色,其中一個
是膏狀可用來
當眼線。

Make Up Forever

9P眼影筆
NT$700
可當眼影底妝

雖然它是眼線筆,但我一
樣會先塗在指腹,再推勻
到眼睛上。它可防水,是
有金屬感的搶眼粉紅色!

國際當紅完美肌創造法─薄透遮瑕

97

Chic Choc

幻彩眼蜜 /PK01
NT$550
可當眼影底妝

超乾淨的顯色效果，還有漂亮的亮片！

Lancome

406眼影‧NT$600

多了日本藝伎風格的桃紅色，可乾濕兩用。

Make Up Forever

眼影粉/90916‧NT$650

一點點就可當粉紅小公主，粉質細膩帶有珠光效果，加上眼線轉換液，就能變成眼線液。

Kate

PK1眼影棒
可當眼影底妝

直接在眼影棒上的眼影，可直接推勻；雙頭設計，可自行搭配顏色，刷眼頭方便，也適合攜帶，補妝時超好用。

MAC

PINK VENUS A85眼影
NT$520

帶有一點銀色小閃粉的粉紅色。

愛美神爆好料

紫色系眼影

這幾年秋冬，紫色眼影當道，讓煙薰妝多了幾分紫色的神祕媚惑感！

VISEE

PU100眼影‧NT$750 開架商品‧日本獨賣

此牌子的眼影可當底膏，質地類似眼蜜，透明感高，澤光度好，日本妹超愛，還有七彩小亮片喔！

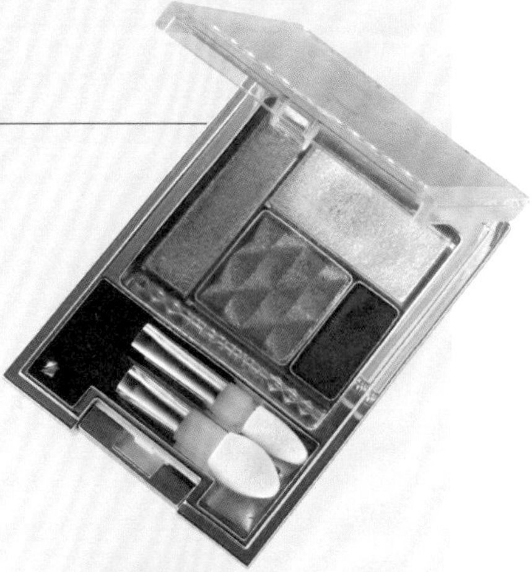

Testimo \05 四色白金星
光乾濕眼影組
5g · NT$1070

顏色閃亮還有大亮片或小
亮片粉，讓紫色難得不會
像老氣的新娘妝，紫色煙
薰妝它也做得出來喔！

Make Up Forever

n°116 · NT$650

粉粉的紫色，有種霧矇矇
感，質感柔細。

植村秀

750眼影
NT$550
可當眼影底妝

為珠光紫羅蘭色，
粉質細緻，顯色感很時
尚，非常優雅。

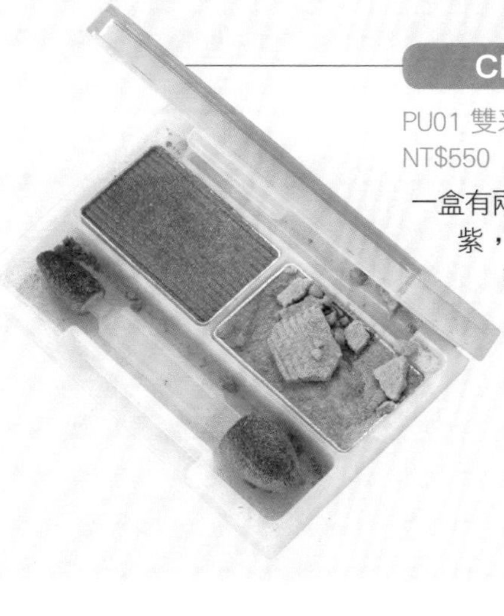

Chic Choc

PU01 雙采眼蜜盤
NT$550

一盒有兩色，一個比較粉
紫，一個是淺紫，帶
有一點銀色金屬
感。

Make Up Forever

90931眼影
NT$650 · 可當眼影底妝

彩妝師介紹我用的，只要
上一點點，顯色效果就很
強，可以創造龐克感的煙
薰妝，一點也不死板！加
了眼線轉換液一樣可變成
眼線液。

國際當紅完美肌創造法—薄透遮瑕

Do you have
colorful eyes?

湖水綠藍色系眼影

　　綠綠藍藍的顏色常常很相近，讓人搞不太清楚；其實不管湖水藍、青苔綠、還是青草綠，它們通通超美，讓我愛不釋手。雖然不是純正的大藍大綠，這些搶眼的顏色都非常吸引人，並不會讓人覺得廉價俗氣，還會讓靈魂之窗散發大自然濃烈的迷人氣息，可以混搭金色、古銅色眼影，混搭性超高，融合起來超具自然感，建議可用古銅色打底，再把這些顏色擦上眼睛，不但眼睛變得明亮，其他的顏色也容易附著！此外，綠色真的很適合東方人的眼睛，小愛美神快來當小綠綠吧！

Make Up Forever

14P眼影筆・NT$700
是一種珠光搶眼的藍色，
防水。

RMK

01三色眼影・NT$1100
三種漸層藍綠色，讓妳
不用花腦筋要如何配
色。

MAC

AQUADISIAC A55眼影
NT$520
含有珠光效果藍色，能讓
眼睛擁有折射光線的魅惑
力。

Kate

BG-1，GN-1 眼影棒
可當眼影底妝・開架商品
偏藍色，一邊是藍色一邊是綠色，讓人迷惑分
不清楚的藍綠色，適合混搭在一起。

Chic Choc

GN01眼影・NT$360

偏綠色，它的配色和漸層感相當迷人，我會用它的淺色來打底，再來搭配另一個綠色，來製造漂亮的漸層。

Make Up Forever

n°91眼影・NT$650

有青草感覺的正綠色，可和Chic Choc GN01搭配，製造美麗的綠色煙薰妝；也可搭配其它色系，例如古銅金或咖啡色。

植村秀

550眼・NT$55

偏綠色，帶有金屬質感的珠光效果，讓綠色也有時尚迷濛感。

愛美神爆好料

炫彩藍色系眼影

實在很難形容的藍色，但妝效很炫目，所以我就自己想了個名字叫做炫彩藍，各位小愛美神，妳覺得它們是什麼顏色呢？

Lunasol

04 眼影
可當眼影底妝

四色設計，兩色是超穩重實用的咖啡色系，兩色是年輕活潑，帶著亮片的藍色，春夏秋冬的色系好像這一盒全包了！

Make Up Forever

90906 眼影粉・NT$650

彩妝師介紹我的閃耀色系，是此品牌的暢銷品，有超閃耀的澤光粒子，還可當眼線一起使用，跑趴時馬上就是搶眼的吉普賽公主！

Dior新五色眼影

250眼影・NT$1650

它的五色眼影一直是招牌商品，因為它的粉質細緻講究，此盒顏色讓妳時而穩重，時而年輕，輕鬆擁有百變樣貌。

愛美神爆好料

深灰藍色系眼影

這款色系沒有藍色這麼鮮豔搶眼，它屬中間色，當妳想穩重又不想太保守，想活潑又不想太過度，想變化又不想太炫目，我鄭重推薦此一系列色系！

Lancome

Coloe Focus Duo \301眼影
NT$700

乾濕兩用，想讓自己穩重端莊，請用乾狀眼影，晚上跑趴\想變身性感小野貓，只要把眼影沾點水，效果馬上不變！

Lancome

Coloe Design\702眼影
NT$1000

優雅粉嫩藍，淡淡水藍色帶有一點反光效果，可先上這個再上同品牌的804，製造藍色漸層感。

Lancome

Coloe Design\804眼影
NT$600

比較灰色的藍色，可和前者一起使用。

MAC

Chill Blue A55眼影
NT$520

這是彩妝師介紹我用的，是此品牌的暢銷品，顏色飽和度高，含亮片，非常時尚。

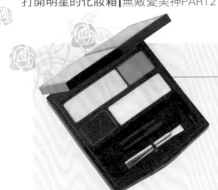

資生堂美人心機

四色眼影・NT$855

一盒四色，屬低調又穩重的藍色系列，多功能的用途很適合上班族使用喔，帶有亮片的白色，可用來打底，深藍色則可當眼線使用！

Lovshuca

BU1
開架商品　可當眼影底妝
淡淡的藍色含有細緻亮片，不會有一大片藍色掉在眼皮上的強烈感受。

愛美神爆好料

灰色系眼影

灰色一向是眼影界的主流之一，一般煙薰妝都是用黑色或灰色來製造煙薰效果，對我來說，它就像咖啡色一樣是實用的基本色，可創造出兩倍大眼睛，所以，小愛美神的化妝箱可不能沒進貨喔！以下是我替大家選好的搭配方法，有兩種質地，一組是光澤感重的，一組是粉霧感重的，大家可自行調配！

Awake

炫光之星 閃耀晶凍眼彩\01・NT$700・可當眼影底妝
質地為水漾凍狀，亮質感很重，是不會太重的灰色，帶有亮片，可輕鬆創造乾淨的灰色，此為冷色系。

NARS

眼影・NT$1100左右
超實用第一！也是此品牌的暢銷色！它可以黑白兩色使用，也可以自行調配成不同的灰色，還可以當眼線，乾溼兩用的功力讓妳買這盒就對了！

MAC

Night Train A56眼影
NT$520

比較鐵灰色，金屬光澤重，具時尚搖滾風，彩妝師喜歡化煙薰妝的顏色之一。

MAC

Behold A93
可當眼影底妝

偏藕色的灰色，很自然，
不少彩妝師愛用。

Make Up Forever

n°948・NT$650

跑趴必用色，在眼影上堆
疊此色，可增加銀色的閃
耀度。

MAC

Krisp A94 眼影
NT$520

淡銀色，淡雅的珠光效
果，不用擔心妝效太沈
重。

Make Up Forever

n°0眼影・NT$650

具粉霧感，不具珠
光。

Make Up Forever

n°82・NT$650

為帶點珠光的灰色。

MAC

Crystal Avalanche A75眼影
NT$520

亮澤度高，還可用來開眼
頭。

Make Up Forever

n°26眼影・NT$650

為粉霧質感的深灰色。

愛美神爆好料

工具色眼影

　　這是功能性超優的工具色系列，也是我不可或缺的顏色，可打底使用，也可當眼影使用，減少眼睛太泡太腫的感覺；此外還可用來打鼻影、眼窩，增加輪廓深度，還可修飾臉上的小瑕疵，真是一物百用，越用越好用！

植村秀

550眼影・NT$550

彩妝師用來加深輪廓的工具色，相當接近膚色，粉感清晰。

Laura Mercier

霓采眼影\Whiskey
2.8g・NT$750

彩妝師用來加深輪廓的工具色，可創造裸妝質感。

Laura Mercier

霓采眼影\Toasted Almond
2.8g・NT$750

顏色自然，宛如第二層肌膚，我還會用來刷眼窩，加強輪廓深邃。

Make Up Forever

n°76・NT$650

我的最愛品和工具色，一定持續必買。它的淡咖啡色類似膚色，擦上去只會讓眼睛明亮，卻看不出化妝痕跡。

愛美神爆好料

亮片系眼影

　　大老遠就看到妳了！我超愛可以折光的亮片彩妝，好像身上充滿了少女漫畫才有的十字光芒喔，不管大亮片小亮片，都是跑趴必備品！所有的亮片都可加在眼影或身體上喔！

Make Up Forever

n°6晶鑽亮片
NT$800

雖然是細小亮片，卻能反射出金屬感的珠光，散發隱約的閃亮，還可塗抹在身上、臉上，讓全身都散發曖昧的招搖感。

國際當紅完美肌創造法—薄透遮瑕

Make Up Forever

53601晶鑽亮片
NT$800

金色大亮片效果，前衛的時尚感，適合參加特殊派對使用，因為效果顯著，想人家不看妳都很難。

R.M.K.

KSNO亮片眼影
NT$590

銀色不規則的亮粉，結合了亮片，直接堆疊在眼上超級flash！是招牌商品之一，常賣到缺貨！

Suger Sparkle Palette

5 Creamy Glitter hightlighter
開架商品．美國獨賣

這是我從美國買回的珍藏品，擁有五種不同顏色的亮片，顯色度高，是美國年輕女孩熱愛的開架品，膏狀質地可直接點在眼皮上，一點也不擔心掉亮片！去美國必買喔！

Skin food

1亮粉眼影．開架商品

彩妝師幫我用後我立刻衝去買，是此家的熱門商品，滾珠式設計非常方便，還有很多不同顏色的細緻亮片可選。

Canmake.

02亮片眼影．開架商品

亮白色亮片超閃，好像白雪公主一樣喔，是日本妹的最愛，可擦在臉上或身體。

NARS

亮片眼影筆．美金24元

我在香港的連卡佛百貨公司買的，帶著銀灰色的亮片，為筆狀設計，想讓哪裡亮就畫那裡！

放電指數激增　超濃纖睫毛必學

chapter 9

美妝策略9 好用輔助小道具 戴假睫毛 跟日本妹一樣順手

睫毛是眼睛放電量激增的重要工具,所以平常我不是擦睫毛膏,就是戴假睫毛喔。刷睫毛的功夫我可是練了好幾年,要學會避免睫毛糾結在一起,或變成蟑螂腳睫毛,好讓自己擁有又長又濃,或根根分明的搶眼睫毛……好好的使用睫毛膏、睫毛底膏產品,可是非常重要的!

刷睫毛時耐心很重要,一定要慢慢刷,等一層乾了再刷第二層,才可避免糾結或睫毛不夠捲翹。我有一個朋友刷睫毛要花一小時,但刷完後,真的又長又整齊又漂亮呢!

這幾年睫毛膏強調極濃,極濃密,纖長,超纖長,讓妳有戴假睫毛的效果,可見它有多重要。如果妳真的沒有練好刷睫毛的功夫,好險現在有假睫毛來救妳!其實我還蠻喜歡戴假睫毛,因為我懶得刷睫毛膏,誰叫這幾年睫毛已經躍升眼部的美妝重點,所以假睫毛一起雞犬升天,也成為重要的配角啦!

說到這個我可得意啦，我可是假睫毛達人咧！各種假睫毛我都很會對付它們，而且戴上去超自然，所以除了介紹市面上超好用的睫毛膏，我還要告訴小愛美神如何使用假睫毛，大家準備囉！吳老師美眼教學時間到了！

Claudia's Secret

其實很多彩妝師不喜歡用太濕的睫毛膏，反而愛用乾一點的，因為這樣比較不會讓睫毛因為太重而往下掉，或整個糾結在一起，愛美神建議大家，如果睫毛膏乾掉可別扔了喔，用它來刷下睫毛其實很適合，或者小愛美神也可將其和新的睫毛膏MIX，把新刷頭放在舊睫毛膏裡，或把舊刷頭放在新睫毛膏裡，這樣新舊融合，不但可讓妳同時擁有兩支睫毛膏，睫毛膏也會更好用呢！

愛美神爆好料

睫毛夾

有分一般的和化妝品專櫃兩種，睫毛膏彎曲的弧度和眼睛大小有關；眼睛圓大者適合弧度大一點的的睫毛夾，眼睛較小者適合睫毛夾弧度扁平一點的睫毛夾。

資生堂

睫毛夾
NT250

超好用睫毛夾的始祖，說到睫毛夾我就會想到它，好用流傳多年，但是眼睛大的人比較夾不到眼尾，所以他也出了夾眼尾的，市面上有很多仿冒品，小愛美神要注意喔！

資生堂

眼尾睫毛夾
NT$250

我的睫毛尾端總是夾不到，好險此品牌注意到了！它不但可以夾眼尾還可以夾眼頭喔！

日本品牌

驚異睫毛夾（第三代）
日幣800日本獨賣 開架商品

網路賣到翻，已經出了第三代，號稱弧度只有39度，非常適合東方人的眼窩弧度，相當好用，夾起來很軟，可夾到眼尾，夾完後果然有驚異效果，在圈內也相當HOT！宏賓美材行有賣！

Easy Curl - Up

睫毛夾 39度
NT$390

和驚異睫毛夾一樣當紅，好夾好翹，深受彩妝師愛戴弧度。弧度為39度，夾起來更有韌度，還可夾到眼尾，很適合亞洲人的眼型！宏賓有賣。

Easy Curl - Up

睫毛夾 37度
日本獨賣

繼前一隻在日本大賣後，趕緊推出的37度弧度新產品！因為弧度比較平，更適合眼睛沒這麼圓或長的人使用！

植村秀

睫毛夾
NT$350

夾起來感覺比較有韌度，也是彩妝師的口碑品！這隻是24K金，感覺很華麗喔。

愛美神爆好料

電捲器

Model Co

180˚模睫翹麗電棒
NT$790

很創新的設計！即使是最短的眼睫毛也能輕鬆變為捲翹，而且不會有一般電睫棒使用時可能產生的疼痛與不適感，更讚的是它加熱後的溫度也只會跟人體體溫一樣(37度C)，不怕會被燙傷，夠安全吧！

國際牌

新一代電捲睫毛器
NT$1350

市面上有很多睫毛電捲器（都不捲而且還要燙很久），我建議一定要買這個牌子。新一代比舊的更能維持捲度，熱度也更穩定，它的設計輕便簡單，使用方便，只要在刷睫毛前使用，睫毛就會翹翹的，好像幫睫毛上電捲，可維持一天都很翹喔！一般美材行有賣。

Wonder Styling Comb

攜帶式睫毛鋼梳
NT$350．開架商品
不糾結必買

有兩頭，細的那頭可以刷眼頭或眼尾。是我刷睫毛必備的道具，我有兩支，一支家用一支隨身帶。可以刷開睫毛避免糾結，是我刷睫毛膏一定用的產品，可以根根分明，一定一定要買喔！台隆有賣。

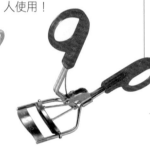

刷睫毛輔助器

NT$175　開架商品

除非妳的技術超超厲害才不需要買，因為就連我偶爾都需要用呢。它可以蓋住上眼皮，避免上了睫毛膏，導致睫毛膏沾到眼皮，尾端附有有小梳子，可以把睫毛梳開。台隆有賣。

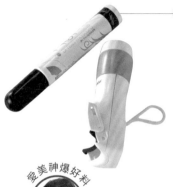

D'Feel Mascara

睫毛定型液
NT$1260　開架商品

日本藥妝店超紅商品，我去買的時候根本買不到，好險台灣現在也有賣！它可幫助睫毛膏定型，夾完睫毛後按下按鈕會噴出定型液，可以維持很久的捲翹度，好像幫睫毛噴上髮膠一樣！但使用上需要一點功力，要多練習喔！台隆和宏賓美材行都有賣。

LancomeXL

濃長加倍睫毛底膏
NT$900

睫毛膏家族出的睫毛底膏。好像幫睫毛穿內衣一樣，能滋養修護睫毛，也能讓睫毛更濃密纖長，顏色呈白色。

愛美神爆好料

睫毛膏

FITIT

睫毛打底膏
日幣1134
開架商品．日本獨賣

可讓睫毛纖維變長，有很多白色纖維，並保護睫毛健康，使之不易斷裂，用了它睫毛膏會更好上，刷起來更濃密。刷的時候不要太急躁，一次想刷太多纖維，刷了一次要等等再繼續刷，以免纖維歪歪的變成蟑螂腳。

Tiffa

睫毛打底膏
NT$290．開架商品

它是根根分明的打底液，質感比較細緻輕盈，有很多黑色纖維，可以維持睫毛捲翹，顏色呈半透明狀。

Kiss me Power Beam Eyes

睫毛打底膏
NT$480，開架商品

它是黑灰色的，刷了之後不用擔心眼睛跑出透明白的底色，有很多黑色纖維，是想讓睫毛變長的必需品。

Wink up

無敵捲翹雙頭濃黑睫毛膏
網拍價NT$350，開架商品

它有兩頭，一頭是上睫毛刷，另一頭是下睫毛刷，刷起來很輕，可維持一天的捲翹度，號稱有160%的纖維，也可讓睫毛的捲翹度很明顯！台隆有賣。

Albion Elgence

翹睫毛彈性定型液
NT$1050

可保護睫毛，讓睫毛捲維持美麗的翹度，是透明色，很多日本雜誌都會介紹它，也曾在日本得過大獎。

Lancome Hypnose

濃睫大眼睫毛膏
一般型NT$850
防水型NT$900

我可能不用多介紹它了吧，這可是睫毛膏家族的大紅牌喔！但我最偏愛這一支，很多彩妝師也一樣，這是它的招牌之作，能讓睫毛濃密，眼睛放大，我用完一支又一支，從沒斷過！

Maybelline

Intense XXL 二合一睫毛膏
網拍價NT$300 開架商品

這也是我很愛的品牌,選擇性很多,是彩妝師和名模必買的
商品!是很厲害的商品,號稱有七倍濃的效果,而且很防
水,刷起來非常濃密!

e'plume

纖長睫毛膏
日幣1575‧開架商品‧日本獨賣

日本當紅睫毛膏,我剛剛買回來的,它的纖維是星型,
不但讓眼睛更有神,更增添了少女漫畫感的浪漫感覺。

Loreal

全新雙效延伸雙倍防水睫毛膏
2.6ml‧NT$425‧開架商品

我愛用它的底膏,相當好用,我會隨意搭配其他品牌的
睫毛膏,為梳子型的刷頭。

Kiss Me

Heroine Make花漾美姬睫毛膏
NT$390‧開架商品

我都叫這牌子大眼娃娃,我覺得超好用,是
20005年日本銷售冠軍商品,雜誌也評比第一
名,有濃濃纖維,可讓睫毛捲翹又濃密!每次
去日本我都會買個十幾支回來喔!

Mary Quant

細緻睫毛棒
NT$950

超防水,是此品牌很出名的商品,如果睫毛膏不夠防水,我喜歡用它再刷
一次,讓睫毛膏更防水,也避免睫毛暈染。

Beaute de Kose

靡色防水濃睫膏 三色
5-8ml・NT$950・開架商品

號稱刷了50次睫毛也不
糾結，整隻都是梳子型，
防水防汗，刷起來根根分
明，使用前我會多用一點
底膏。

Dejava

睫毛膏
開架商品

幾年前日本就大紅，現在台灣也引進了，刷起
來很黑，含有很多纖維，我去日本玩常買回來
送朋友，大家都說好用！

K-palette

睫毛彎彎驚艷纖長睫毛膏
NT$600・日本開架商品

這是在日本賣得非常好的
開架商品，現在已經引進
台灣了。它可以將睫毛刷
得非常纖長，可是卻一點
也不厚重，妳的睫毛只會
讓你覺得是輕柔的長，如
果不喜歡長睫毛太過濃
厚，而喜歡像羽毛一般輕
薄的小愛美神，非常推薦
妳用這支睫毛膏喔！

愛美神爆好料
迷你刷頭睫毛膏

Dejava TinySniper

睫毛膏
日本獨賣・開架商品

我的愛用品之一，因為大隻的睫
毛膏賣太好，才研發出小隻刷頭
的睫毛膏，這是我看過刷頭最小
的睫毛膏，含有很多迷你小纖
維，特別針對下睫毛喔！其實它
不只能刷下睫毛，也可用來刷眼
頭和眼尾！

媚比琳

Mini Brush Mascara迷你
刷頭睫毛膏
NT$250・開架商品

很多彩妝師都用它來刷
下睫毛。如果妳下睫毛
不夠濃密，我建議妳可
以先刷上面那隻再刷這
隻，刷頭超迷你！

增加睫毛閃亮度的睫毛膏

愛美神爆好料

隨意上色晶亮睫毛膏
NT$350．開架商品

從日本紅到台灣，有很多顏色，它有一個超浪漫的名字，叫做綺羅星的睫毛，通常刷完睫毛膏再用它，是一種低調的華麗感。

戀愛魔鏡

睫毛膏
NT$350

濱崎步代言的日本當紅產品，它有銀色小亮片，刷頭為梳子狀，上完睫毛膏再用它，很像眼睛上的閃亮小鑽石喔。

Kiss

長型亮片睫毛膏
日幣一千多．日本獨賣
開架商品

超華麗明顯的長型亮片睫毛膏，讓睫毛彷彿鑲了彩鑽似的華麗高貴，提醒小愛美神，刷完睫毛膏一定要等它乾再用，否則睫毛會因為太重而垂下，跑趴必備喔！

愛美神爆好料

看起來像睫毛膏的睫毛卸妝液

Active Girl

睫毛卸妝液
6ml．日幣800．日本獨賣
開架商品

卸妝時，想輕鬆搞定防水睫毛膏，找它就對了喔！質地比較水狀，使用時只要像刷睫毛一樣塗上去，靜待一會，頑固的睫毛膏就會溶解脫落，之後再用化妝綿包覆整遍睫毛，用一種好像拔睫毛的姿勢，輕輕把睫毛膏卸掉。

Kiss Me

Heroine Make睫毛卸妝液
NT390．開架商品

質地比較濃稠，使用方式和前者一樣，但可多塗一些讓液體包覆睫毛，等兩三分鐘後再卸掉，台隆有賣。

放電指數激增　超濃纖睫毛必學

特殊眼妝道具

這幾年流行假睫毛當紅，因為戴假睫毛可以讓眼睛更具放大和深邃效果，這就是為什麼連睫毛膏都要訴求刷起來有假睫毛的效果！所以我可磨出了一手好技巧，可以迅速的把假睫毛戴上去而且自然又迷人喔！假睫毛戴得好可以維持一整天，要是沒戴好，不但眼睛會刺刺的，還很容易脫落、穿幫。

曾經有朋友喝湯時不小心把假睫毛掉到湯裡面，真是糗到不行…所以請黏假睫毛技術還不純熟的小愛美神，隨身攜帶黏睫毛的專用膠水，以免假睫毛鬆脫垂在眼皮上，以避免以上的情形發生。

市面上有一種新的睫毛黏膠是黑色的，不建議新手買這種睫毛膠，因為使用它要多練幾次，除非妳技巧高超，否則會變成畫歪歪的眼線…。

市面上有很多戴假睫毛的小道具，我覺得大家一定要有一個小夾子，它絕對不可或缺喔！

Claudia's Secret

愛美神戴假睫毛的超級獨門密招：一般人戴假睫毛應該都要先夾睫毛，刷上淡淡的睫毛膏，戴上假睫毛，再刷一次睫毛膏，讓真睫毛和假睫毛結合在一起。但我的睫毛比較長和捲，所以我都懶得在戴假睫毛前刷睫毛膏，只用睫毛夾翹翹就好，這樣也不用擔心有兩層睫毛的感覺…不過這是我的個人習慣啦！小愛美神要看自己的需求，來決定

自己的戴法！戴上時請先把假睫毛的曲度用手順一下，試戴在眼皮上後，再調整它的服貼度，讓它適合眼睛的形狀；再用專用膠水塗在假睫毛根部，通常我會從眼頭開始黏起，然後一手壓著眼頭，一手順勢貼黏眼中到眼尾的弧度，使之和眼型貼和，趁假睫毛膠水沒乾前，都可一再調整假睫毛和眼睛的弧度與伏貼度。如果假睫毛乾了卻還沒貼好，請把假睫毛取下，重新上膠水再貼一次，（小愛美神別氣餒喔，通常都要貼好幾次才會成功，我都是如此呢！）此時盡量避免眨眼睛喔，我還會用手搧眼睛，讓假睫毛快乾，並避免它歪掉！

愛美神爆好料

假睫毛小道具

Opera Eye Putti

假睫毛黏膠
NT$250

我用很久的產品，很多彩妝師們也公認好用！一般的眼膠都會有阿摩尼亞的臭味，但這瓶沒有，反而有一點香味，黏度和持久度都很好！宏賓美材行有賣。

551

假睫毛黏膠
3ml‧NT$350

超強力必買
日產

也是彩妝師介紹，最新最好用，超強黏力，容量小，無臭味，防水，撕下來不會有膠黏在上面！宏賓有賣。

優格爾黏膠

假睫毛黏膠
12ml
NT$200‧**超強力**台產

也是彩妝師介紹，也是超級黏，但有一點點味道，卸妝時稍微需要多花點時間，把黏膠卸乾淨！宏賓＆一般美材行有賣。

無品牌

夾子
NT$30

超好用一定要買喔，這是寬一點的夾子，夾假睫毛很順手，但一般美材行藥妝店的夾子就可，不需要買那個500塊一隻的昂貴品。

日本品牌

日本綠鐘安全拔毛夾
NT$190

超好用一定要買！它的把柄本身就是彎的，很順手，黏假睫毛時不用轉手。台隆有賣。

日本品牌

假睫毛輔助器
NT$50

是戴假睫毛速成的方法！超貼心的發明，只要把假睫毛放在輔助器上，再對準眼睛貼上即可，但要多多練習，而且使用前還使要順一下假睫毛，避免假睫毛的頭尾翹起，超好用一定要買喔！台隆有賣。

彩妝師愛用推薦的假睫毛

超自然組 交叉3

NT$150

超超自然，睫毛比較短也比較淡，推薦給崇尚超自然，不喜歡誇張假睫毛效果的小愛美神。

超自然組 711

NT$150

比交叉3濃密一點點，喜歡自然淡雅的假睫毛效果，戴上它一定沒錯啦！

自然組 交叉7

NT$150

比以上兩者纖長，也稍微濃密一點，很自然，但又不會太自然到沒什麼感覺。

愛美神上通告必戴的假睫毛

自然華麗組 217

NT$250

介於前後之間，比715長，沒720這麼濃密，常賣到缺貨，很多女明星也愛用喔。

自然華麗組 715

NT$250

比自然的感覺再華麗一點點，我推薦給朋友用，她們戴起來是中度自然的感覺，像刷了濃密的睫毛膏。但因為我眼睛比較大，所以戴起來是一種粉自然感覺。

華麗組 720

NT$250

濃密型，但睫毛比較長一點，有時候，我會把它剪成一段段再黏在眼睛上，這是讓睫毛看起來濃密又自然的好方法！彩妝師一定必備！

放電指數激增 超濃纖睫毛必學

Claudia's Secret

想減少睫毛膏的消耗量，可在卸掉假睫毛時，把睫毛膠拔乾淨，這樣就可以多用幾次喔!

愛美神跑趴必戴的假睫毛

超級華麗組 尖尾607

NT$250

一撮一撮的華麗，黏上去眼睛馬上放大兩倍，好像會放出鐳射光一樣。

超級華麗組 310

NT250

整片華麗感，黏上去眼睛馬上放大像扇子一樣，我都會把它剪成一段段，再黏在眼睛上。

種睫毛\08

NT$160

是我作弊妝的重要主角！我一次都囤積十幾盒，因為它的消耗量很快，本身為一小撮一小撮的假睫毛，可自行決定要種多濃密，效果自然到不行！絕對不會被人家發現妳戴了假睫毛喔！但戴的技巧比較高難度，需要多加練習。

植村秀

Dazzling Diamante
NT$300-400

植村秀有很多不同樣式的假睫毛，此款是為了瑪丹娜而設計，上面原本是真鑽，現在為了一般大眾使用，改為閃閃發亮的亮片，超炫目！非常適合華麗派對用。

五分鐘 腮紅讓普通女變立體蜜桃臉

chapter 10

美妝策略**10**

腮紅修臉
美麗芭比所向無敵

想讓氣色更好，五官更立體，就要使用腮紅！當我不化妝出門時，我就會上一點腮紅，讓自己有張蘋果臉或蜜桃臉，黃臉婆上身這一天是永遠輪不到我的！

但腮紅的位置、顏色和質地，也有流行性和功能性的，像70年代風行迪斯可Look，大家喜歡把腮紅打斜一整片在臉頰上，但現在看起來就會很像「如花」，所以小愛美神千萬要注意這件事，別讓2007年的自己好像1970年！至於顏色呢？我不建議大家使用太深的顏色，因為那也很老摳摳！

現在流行粉嫩色系，不管粉紅色還是粉橘色，都能讓自己變成夢幻娃娃，我個人也非常偏愛這兩個顏色，還偏愛到不用其他的顏色，現在又有很多新產品——油狀膏狀的腮紅，它們比較自然、服貼，也是我現在必用的產品！

我還會用不同顏色的腮紅，或深淺不一的腮紅來混搭在臉上，這樣可以讓輪廓更突出，也可以讓氣色更煥發！上腮紅時千萬別下手太重，寧願由淺到深也不要反過來，如果不小心下手太重，我會用手或衛生

紙輕輕擦掉，再用蜜粉撲上去，減低顏色過重過搶的問題。而腮紅還要注意塗勻，要讓它暈開的自然，美麗的紅顏才能自然展現！所以腮紅的位置真的很重要，它會影響妝感，也會影響輪廓！

至於修容打亮技巧呢？擔心顴骨太突出、臉太大，或因為浮腫變成小豬臉，都可以利用修容和打亮技巧喔！上腮紅前要先修容，臉才不會膨脹，想利用深色修容產品來瘦臉，請選擇比膚色深個2到3號的產品，就能擁有小臉效果！至於珠光質地或淺色的打亮產品，只需打在妳想讓臉部挺起來的地方，但千萬別全臉打喔！

Claudia's Secret

「娃娃童顏」化妝法 —— 只要在兩頰笑肌（就是微笑時，臉頰鼓起來的兩塊肌肉）上一抹腮紅，將之塗勻，就能擁有嫵媚的夢幻歡顏！

「圓臉不見了」化妝法 —— 請在兩邊的顴骨下面製造陰影，畫出長型腮紅，就能讓圓臉消失！

「長臉，拜拜」化妝法 —— 畫腮紅的位置，比一般位置低一點，更強調笑肌的線條！

「顴骨不再兇巴巴」化妝法 —— 請從臉頰中央往耳下畫，是一種八字形畫法，便可柔和有稜有角的臉部線條！

腮紅修容課進階班─雙色腮紅

每個人使用雙色腮紅的方法都不同，有人用一深一淺的雙色腮紅交疊，製造層次感和漸層感，但要看臉型來決定用法。

愛美神爆好料
刷具

Bobbi Brown

勻臉刷\E24G
NT$1200

此為圓形刷頭，刷頭很軟，取自天然動物毛，握感很好；可當蜜粉刷，刷起來效果很好。

Make Up Forever

24S腮紅刷
NT$1400

這是我愛用的美麗道具！扁型刷頭可刷出角度，製造臉部立體感。

植村秀

20號腮紅刷
NT$1500

我用了很多年，扁型刷頭，也是彩妝師的法寶之一。

MAC

129號小腮紅刷
NT$1300

圓形刷頭，可當蜜粉刷，刷起來效果可愛。

腮紅輔助器

NT$160

如果找不到正確位置畫腮紅，可把腮紅輔助器貼在顴骨部位，再把腮紅畫上，輔助器貼心設計了一層有小孔的薄膜，方便腮紅上色，卻可避免下手太重的失誤！此產品可在台隆手創館買到。

永遠的 Baby Face，讓親和力立刻膨爆！ **我最愛的粉紅系列**

發美神爆好料
腮紅

資生堂

心機煥顏四色修容
5.7g・NT$950蕊NT$600

一盒四個顏色可以調配，有修容也有腮紅部分，我會用最淺的顏色來打亮，刷具為雙頭，一頭大範圍，一頭小範圍，方便攜帶隨時補妝。

植村秀

M Pink 33E腮紅
NT$600・**入門必買**

相當百搭的顏色，此款是粉紅色系腮紅的銷售天后，粉霧狀的超自然粉紅色，不會一不小心臉上就一大坨的失手機會，可當腮紅的入門色。

NARS

Angelika腮紅
5.5g・網路價NT$1180

這是我很喜歡的腮紅產品之一，它有淡淡的亮片，聽説也是香港紅星容祖兒愛用的產品，它的粉紅色很搶眼，很時尚，跑趴時我常刷這個顏色。

Benefit

蒲公英蜜粉盒\Dandelion
11g・NT$1200
人氣必買

彩妝師愛用品，是賣最好的人氣商品之一，以前我都要上網訂購喔，產品設計很有創意，又是腮紅又是蜜粉，還有淡淡花香味，非常好用，此為美國女孩票選最好看的粉紅色。

CD

搶眼隨身亮采撲\02
NT$1300

它的淡粉紅色非常卡哇依，產品設計很聰明，使用起來很方便，只要把圓刷粉撲貼在臉上即可使用，方便妳馬上找到臉上的笑肌部位，超級好撲！

Benefit

紅粉菲菲唇頰露
12.5ml · **作弊妝必買** 👑

這是我多年愛用的秘密武器之一，不化妝的時候，我都會用它讓自己氣色看起來很好！如果妳想讓別人看不出妳有擦腮紅，那就一定要擦這一罐！它是超級作弊妝的的產品，能讓臉上有一種運動後的自然紅潤感。

MAC

煙燻腮紅\Pink Swoon
NT$650

腮紅裡賣最好的人氣顏色！不想讓腮紅太青春無敵，它將是妳最好的選擇！

NARS

Rivera腮紅

出國時我帶這一條就夠了，它很方便，有口紅、腮紅、眼影三種用途，它的粉紅色帶著玫瑰色，想讓它的沿展性更好，可多加一點乳液搭配使用。

RMK

22號腮紅
NT$730
顯色必買 👑

我曾和彩妝師討論過這一盒，我們都超愛它的美麗顏色，顯色度很高，不需要打很多層就可以展現出娃娃妝容。

RMK

KSNO腮紅
NT$730

慕絲，顏色為很淡的baby pink，可讓妳擁有春天般的粉嫩小臉。

Rouge cake&frosted
brush-on

Chic Choc

PK01腮紅
NT$600

一盒有兩種質地，一種是粉狀一種是膏狀，如果想自然清透，只要上膏狀，想讓妝效持久，可上了膏狀再上粉狀。

媚比琳

天使紗腮紅慕絲
NT$315　開架商品

👑 **便宜必買**

清透紗系列賣最好的，質地非常清透，它的粉紅色帶有金色閃亮珠光，擦上去宛如慕斯般的柔滑，顯色度很好，是很好用的開架式商品。

Lovshuca

PK-1腮紅
開架商品

佳麗寶副牌，日本超紅的年輕品牌，包裝超卡哇伊！此款顏色像彩虹，質地細緻，淡色一樣可當提亮肌膚使用。

讓妳變成人人都想咬一口的水蜜桃 **我最愛的粉橘色系**

植村秀

P Red 14 腮紅
NT$600

用此珊瑚紅色時，我都會和〈M Peach 44〉來mix在一起，或當作雙色修容法，很多人問我臉上又有珊瑚感又有粉橘感的秘訣在哪？就是這兩罐啦！

植村秀

M Peach 44 腮紅
NT$600‧**人氣必買** 👑

它是此品牌粉橘色系腮紅的銷售天后，單擦起來是一種淡淡的粉橘色，不會讓臉變黃！

Stila

唇頰可麗餅
NT$780‧**作弊必買** 👑

我的愛用心頭好，也是我的作弊妝的重要配備之一！也是此家的招牌品，很多女藝人很愛用喔！它偏粉橘感，能讓氣色好到不行！

Claudia's Secret

打亮產品能讓臉部膨亮更立體，不但額頭變飽滿，鼻子挺起來，下巴還能變圓潤，但只能局部使用，否則反而會變成胖胖的小豬臉喔！

RMK

02號腮紅
NT$1100

一盒有三色，珊瑚、淺粉紅、粉橘色，含有淡淡光澤，可mix也可單擦。

Loreal

果漾嫩感腮紅\113
NT$350．開架商品

顯色度高，珠光感強，像會發亮的小蜜桃，便宜又好用，真是少女系產品。

Benefit

小桃氣蜜粉盒\
Georgia Peach
11g．NT$1200

👑 自然必買

我愛用的產品之一啦，集合了蜜粉和腮紅兩種粉妝，它的粉橘色擦起來輕透自然，不太具粉感，還有淡淡的光澤，我超愛它的香味。

戀愛魔鏡

OR322腮紅
NT$260．開架商品

常看到彩妝師使用這個顏色，他們都說它便宜、好用、顏色乾淨，上起來不會髒髒的。

MAC

時尚腮紅\Style
NT$650

帶有珠光效果，給妳健康的粉橘感，皮膚稍具健康色的妹妹，用起來很漂亮喔！

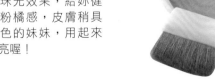

我最愛的粉狀打亮產品

Powder Brush
網路價美金18

如果妳臨時要去約會或跑趴，怕自己不夠閃亮怎麼辦？只要偷偷一掃，刷在需要閃亮的部位，馬上擁有超強的spotlight，臉蛋和身體部位都可以用喔！

植村秀

P Silver 91 腮紅
NT$600

我都拿來打在T字部位、下巴、和眼圈部位，它有些許微亮粒子，馬上製造迷人的柔焦效果，可提升臉部的立體度和亮度。

RMK

07號腮紅
NT$730．**閃亮必買**

跑趴時我喜歡用它，因為它有三種不同的反光質地，反藍反紫反綠的珠光能給妳華麗的光澤感，我通常都在晚上使用。

Susie.

N.Y.Face Designing \01
日幣1600．開架商品
日本獨賣

一面是天鵝絨的霧面感，一面是閃亮亮的珠光感，非常適合提亮臉部，兩個質感兩個季節感，也是兩種心情吧！

肌膚之鑰

31號腮紅
4.5g．**自然必買**

我第一次用它是彩妝師幫我畫的，不只可以提亮局部，還可以整臉擦，給妳自然的提亮效果，還可增加妝效的透明感，好像真的從皮膚透出來喔，這讓我馬上二話不說衝去買呢！

五分鐘 腮紅讓普通女變立體蜜桃臉

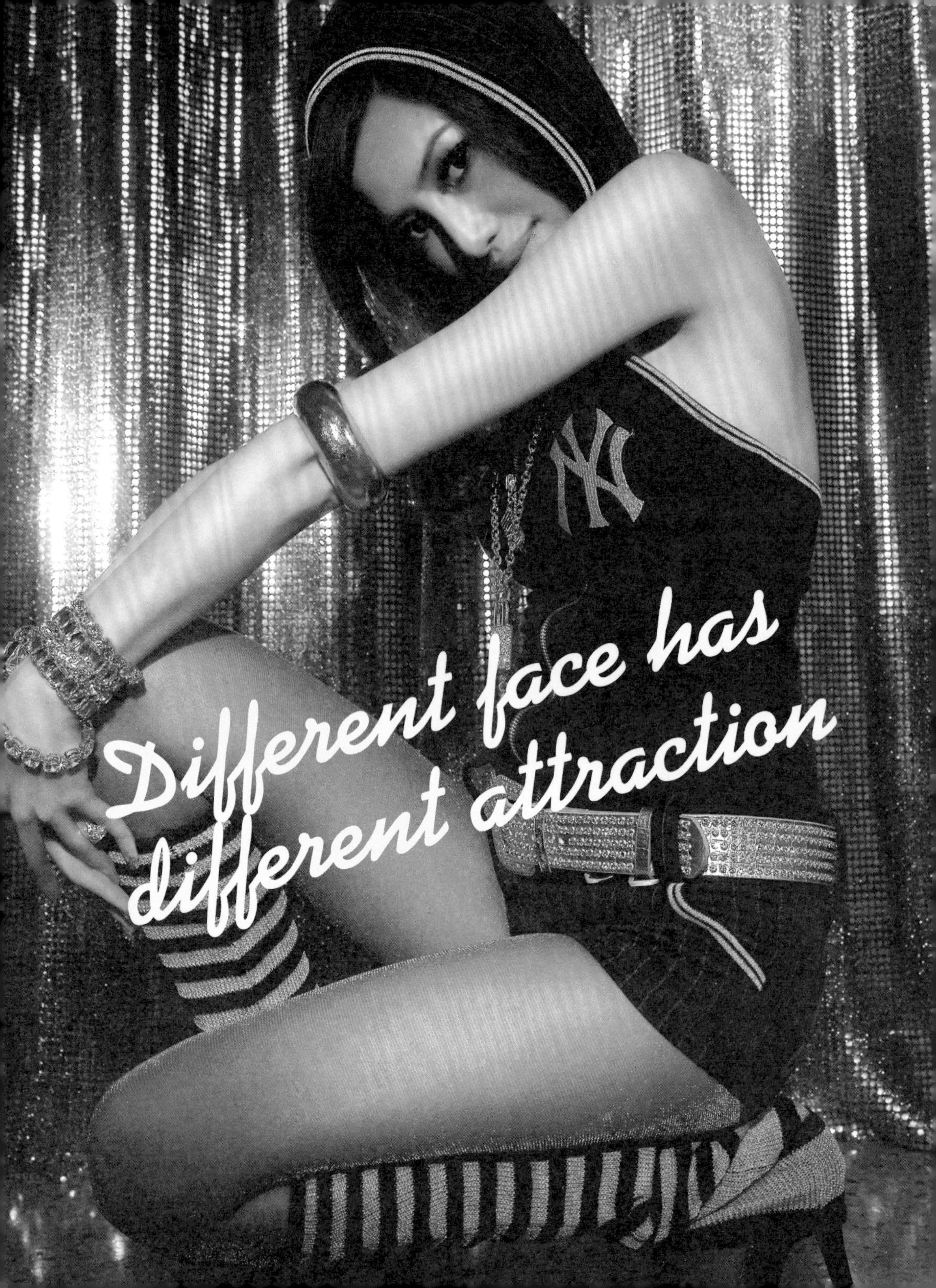

Different face has different attraction

我是性感小野貓 我最愛的古銅色腮紅

Boddy Brown

Bronze腮紅
NT$1300·多功能必買 👑

多色多功能彩盤的始祖,很
多彩妝師愛用,是內行人都
知道的超級商品,我幾乎每
個色系都有一盒,可修容可
當腮紅,可當眼影還可打
亮,使用時可混在一起調和
用,也可單獨使用某個顏
色,非常方便。

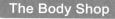

The Body Shop

絕色豔陽顏彩盤\01
8.5g·NT$850

和前者的用法相近,可當
眼影也可以當腮紅,一盒
有好幾種使用可能,有五
個不同深淺和光澤的相近
色,也是很好用的啦!

Susie.

Bronze shine powder\03
日幣2500·日本獨賣·開架彩妝

這是我在日本逛街,看見一個日本妹臉上的腮
紅很漂亮,追問之下得知的商品,
當我趕去藥妝店購買時,只剩最
後一盒了,可見日本妹有多愛
它!它擁有深淺兩色,能給
妳健康的古銅肌,我都用
深色修容或當腮紅,用
淺色打亮肌膚。

Nars

絲緞無瑕感蜜粉餅
8g·NT$1350

此顏色很多
彩妝師都愛
買。因為它
可當修容使用,
也可當古銅色系的
腮紅,但其實它是蜜粉
餅,很神奇吧。

愛美神爆好料
修容產品

Make Up Forever

修容盤·10g×2
NT$1500·專業必買 👑

十年前我就看過彩妝師們的化妝
箱一定會有這一盒囉!應該是修
容盤的始祖吧!一盤兩色,一深
一淺,可自行調配喔!

五分鐘 腮紅讓普通女變立體蜜桃臉

Benefit

瑪其朵蜜粉盒\ Hoola
NT$1200

顏色比較重一點比較適合深色皮膚的美眉，我
除了用來修容，還會用來當眼影，或淡淡的刷
在鼻樑上。

植村秀

M Amber 86 修容餅
NT$600・口碑必買

這是我接觸修容產品的第二樣產品，此顏色為彩妝師常
用的修容色，擦上去可以有巴掌臉效果，想瘦那裡就把
它擦在那裡，像我都上在臉頰兩側，馬上就有凹下去的
神奇視覺效果，聽說很多Model愛用來打眼窩！

愛美神爆好料！

修容蜜粉

Beaute de Kose

星紗蜜粉\SP001
NT$1500

日本妹的最愛，也是我現
在的愛用品之一，它有
大珠光效果，使用起來不
會太暗沈，能給你獨特的
亮澤感，也可輕刷在腿
部製造陰影，讓腿看起
來比較瘦。

Make Up Forever

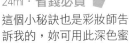

n°32 蜜粉
24ml・省錢必買

這個小秘訣也是彩妝師告
訴我的，妳可用此深色蜜
粉來修容，它可用很久很
久，此外它的修容感比較
透明感，如果擔心顏色太
深，可自行調配別的淡
色蜜粉，此顏色
為彩妝師的
建議。

心機美唇 是完美彩妝的漂亮Ending

*chapter*11

美妝策略 11 嬌嫩欲滴 唇蜜正發騷

這幾年唇蜜攻城掠地，大大取代了唇膏的地位；水漾感的唇蜜可以增加自己的性感指數，但現在又開始流行霧感、光澤不過度的唇蜜了喔，不過我還是想擁有嘟嘟唇的誘惑感，所以我全都買了啦！

至於顏色呢，雖然每個專櫃小姐都告訴我，顏色較重的豆沙色是目前的暢銷單品，尤其是粉領族，她們真的很愛這種顏色；我就一直比較愛年輕嫩感的粉紅色、粉橘色…因為這兩種色系真的可以搭配任何彩妝喔！說到這又讓我想碎碎念了，請大家大膽一點嘛，老天既然創造了五顏六色的花花世界，大家可以多試試嘛！讓自己有多一點樣貌，照鏡子也不會看膩啊！

雖然現在又因為復古流行大紅色的唇膏，但為什麼有些愛擦大紅口紅的媽媽們，不會讓妳覺得她很時尚呢？因為她沒搭配其他的彩妝，所以會覺得大紅色很突兀，如果妳喜歡大紅口紅，記得要搭配整體彩妝，才不會變成歐巴桑喔！至於時下流行的濃烈煙燻妝，最適合低調自然的唇彩，所以，請小愛美神在選擇唇膏或唇膏前，以今天的彩妝色系和妝感，為選擇搭配的基準，才能讓唇蜜或唇膏，成為完美彩妝的Ending！

Claudia's Secret

愛美神的唇膏唇蜜上妝密招：想讓唇膏或唇蜜的顏色
更飽滿，請先用專用的唇部底妝打底，再上唇蜜！或是先
上唇膏再用唇蜜填滿它，色彩才會比較持久又飽和！

愛美神爆好料

唇部護理

Model Co

模力無邊唇蠟
容量：5g・NT$790

同時具有膚色唇蠟、唇筆及雕塑唇刷三項功能，除了幫
助隱藏唇部紋路與破皮，還能勾勒出自然豐厚性感的唇
形，奶油狀的蜜蠟能將唇彩牢牢的定住，這樣就不用怕
脫妝，而且雙唇看起來顏色更跳更美麗呢！

Benefit

給我親親美唇保養組
2.4g・NT$1350

擔心嘴唇脫皮很難上妝嗎？它一盒有
兩條，一盒可去角質，幫助嘴唇去角
質，另一盒為含有荷荷巴成分的護唇
膏，可滋養唇部肌膚。

Claudia's Secret

　　唇膏下地是新一代產品，是好用的唇部打底工具，能
撫平唇紋，保護嘴唇，使之不易脫皮，也可幫助顏色更飽
滿，讓嘴唇更嬌嫩。

　　和男友約會，不想讓對方發現自己有化妝，可用這個作弊系
列產品，因為它不易掉色，用手擦拭也不會掉（卸妝油當然可以啦），能讓嘴
唇始終紅潤喔！

心機美唇　是完美彩妝的漂亮Ending

愛美神爆好料

唇膏

作弊系列

Clear Lip Gloss

銀珍珠色唇膏
NT$450

我的愛用品和作弊妝之一，它不太容易掉色，可保持嘴唇始終紅潤。雖然看似沒有顏色，上去後會經由唇部體溫的不同，顯現不同的顏色。宏賓美材行有賣。

唇膏下地

Canmake

美唇基底膏
NT$250 開架商品

日本美眉的愛用品，為唇部打底的專門產品，便宜好用，能讓唇裝顯色度佳，顏色較淡。

Ayura

口紅下地
5.5g・日幣2300

我喜歡它的包裝，很可愛，擦上去很具滋潤感，是淡化唇紋的唇部打底產品，讓口紅和唇蜜更持久，更上色。

資生堂美人心機

唇膏下地
NT$ 650

也是我的愛用產品之一，為唇部打底產品，可撫平唇紋並滋潤唇部，讓唇膏顏色更飽滿。

Philosophy

護唇膏
港幣150

可以撫平唇部的乾燥，又可以讓嘴唇水漾豐潤，每次人家說我的唇色很漂亮，我都說我只是上了護唇膏而已，這樣算作弊嗎？

Benefit

嘟嘟唇豐嘴底膏
NT$900・豐唇必買

我用了好幾支喔，它還可以當裸唇色。它是唇部打底的重要道具，擁有時下流行的嘟嘟嘴豐唇效果，又能讓妝效持久。

Smashbox

Lip & Lid Primer
雙用唇部下地
美金24

超棒的設計！它有兩頭，一頭是唇部下地，另一頭竟是眼部遮瑕產品。出門帶這一隻，便可兩用遮瑕。但我建議使用眼部遮瑕這一頭時，請先塗在手指，將其推勻再上在眼部周圍。

愛美神爆好料

唇彩小道具

植村秀

伸縮唇刷 NT$900

我通常都用它來沾護唇霜順便按摩唇部，伸縮刷頭，方便隨身攜帶。

Preri

唇蜜輔助器
日幣500 日本獨賣 開架商品
為上唇蜜的輔助工具，可讓唇蜜添加飽滿感，更有嘟嘟嘴的效果；也可避免一般唇蜜很難塑型的困擾，讓它擁有美麗的唇型。

賣到翻的唇彩人氣王大集合

　　唇膏的顏色本來就很主觀，像我自己愛用粉紅色或粉橘色，可能不是每個人都能接受它，為了讓愛美神姐妹們，擁有更多的選擇，並瞭解時下暢銷色的唇彩產品，我花了很多時間做市場調查，詢問化妝品公司的公關，她們幫我列出最暢銷的商品，可當小愛美神購買時的參考喔！

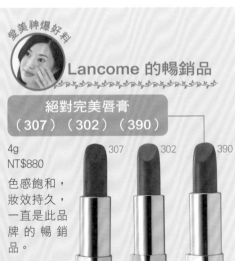

愛美神爆好料

Lancome 的暢銷品

絕對完美唇膏
（307）（302）（390）

301　　　105

4g
NT$880
色感飽和，
妝效持久，
一直是此品
牌的暢銷
品。

307　　302　　390

煽色唇膏（301）（105）

4g
NT$850
是較新推出的產品，具水樣透明感，添加了亮片具有閃耀效果，年輕感強烈，有特別為亞洲女孩設計的粉紅色喔！

愛美神爆妞料

MAC的暢銷品

超多顏色任妳選，質地也多，不管粉霧還是水嫩唇蜜，應有盡有，重建豐滿唇型。

1. 年輕人最愛的顏色是絨光豐盈唇膏（Peach Stock AC5）（Giddy AA5）；MAC唇線造型筆則為（Ac3），水潤魔唇（Opal AC5）（Snow girl A45）（shooting star）

AC3

AC5　　AA5　　AC5　shooting star　A45

2. 媽媽最愛的水漾潤澤純膏是（Plumful AC5）（Cosmo A16），還有唇線造型筆（Quartz AC2）

AC2

AC5　　A16

3. 上班族最愛的水漾潤澤唇蜜（Relaxed AB5）晶亮魔唇（A56）；MAC唇線造型筆為（Spice A24）

AB5　　A56　　A24

Secrets of sexy lips are all about lipsticks

最受歡迎的豆沙色

346　256

植村秀

（346）（265）號唇膏
NT$780

色澤飽滿，選擇也蠻多的，它的（346）（265）大地豆
沙色是台灣長賣型色號，有時候想在職場展現專業，這
兩個顏色絕不會出錯，顏色飽和感比較重。

RS-231　OR-96　RD-157

佳麗寶

T'estimo光燦晶潤口紅
NT$850

它的水潤感很好，為唇蜜加上唇膏的結合體，有二合
一的方便，也有二合一的美麗效果，它
的（RS-231）（OR-96）（RD-157）
是在台灣的長賣品，這是此家公司
公關告訴我的第一手資訊！我覺
得它們和其他彩妝的的搭配性很
強！質地比較水潤感！

最美神爆好料

唇蜜

MAC

晶亮魔唇
NT$550

堪稱唇蜜流行的始祖，是唇
蜜顏色的風向球，最新顏色
的唇蜜它永遠搶先推出，有
超多特別顏色可以選擇，是
歷久不衰的暢銷品。

Dior

Kiss吻誘唇蜜
NT$680

超大容量，比一般容量多三分
之一ㄝ，是我的最愛之一，已
用了好多條；超多不同光澤的
大亮片，讓嘴唇有ㄅㄨㄞㄅㄨ
ㄞ效果，質地較黏稠。

Dior

癮誘唇彩唇蜜
NT$780

常會出很好看的限量
色，有創新的炫光微
粒科技，光澤度好，
色彩飽滿，還能滋潤
嘴唇。

RMK

唇蜜
NT$650

這是我的最愛，我的化妝箱有好幾支喔，年輕感的品牌，顏色選擇多、質地不會太黏稠，不用擔心風吹過來會黏到頭髮啦！

Chanel

唇蜜
NT$800

如果妳不喜歡太嘟嘟感的唇蜜，反而喜歡較具唇膏顯色度的唇蜜，快來這裡逛逛吧，擦了它，不用擔心看起來沒氣色喔！

Chic Choc

果氛唇蜜
NT$550

雙色雙頭的筆狀設計，可單擦可混搭，方便顏色調配，顏色很年輕，質地透亮，使用超方便，每個顏色我都買了喔。

Lancome

果漾亮唇膏
15ml‧NT$700

彩妝師推薦的，此品牌的招牌之作，我超愛它的水果夢幻口感，質地亮澤水潤，持久度好，還具保養功效，此外，不同顏色還有不同的口味喔！

KP

果漾唇蜜
NT$800

水漾感，都是果凍色，如果妳不喜歡黏搭搭的唇蜜，它非常清淡，但必須常補妝。

Stila

新一代禪意唇蜜動凍筆
2.4ml‧NT$800

讓妳可以不慌不忙的補唇蜜喔，筆狀唇蜜的始祖，也是我的愛用品之一，顯色度高不易掉色，只要一點點就能給妳絕色唇波。

IPSA

晶耀漾唇蜜
NT$850

好像敷了果凍在嘴唇上，嘴唇自然散發晶亮凍感。

Make Up Forever

光燦唇蜜
NT$750

這是我偷翻彩妝師的化妝箱發現的，它的大亮片好像能幫嘴唇打上spotlight喔！

Effusais

極光純漾
8g‧NT$580

我最愛的唇蜜之一，棒子形狀的獨到設計，抹上嘴唇不會破壞唇蜜的厚度，可讓嘴唇更豐盈，不會讓嘴唇脫皮。

Beaute de Kose

豐盈水漾炫彩蜜
8g‧NT$950

含有玻尿酸，能給你時下流行的嘟嘟嘴豐唇感，質地潤澤，能增加嘴唇立體感。

Max Factor

不脫色唇蜜
NT$980

推薦給不愛補妝的小愛美神，它比較像脣膏和唇蜜的綜合體，不易掉色，能讓顏色持久亮麗，但要記得隨時補擦另一隻護唇產品，以增加嘴唇滋潤度。

Loreal

魔燦唇彩
6ml‧NT265‧開架商品

別看它是便宜的開架商品，這可是我的貴婦朋友推薦的！使用起來效果果然很好，光澤明顯，質地晶晶亮亮。

戀愛魔鏡

唇蜜
NT$170‧開架商品
很多彩妝師都在用，包裝輕巧可愛，好像洋娃娃的唇蜜。

Sony CPL

唇蜜
開架商品
日本紅到台灣便宜好用，有豐唇飽滿感。

媚比琳

唇蜜
NT$120‧開架商品
不同的顏色有不同的果香，亮澤感不錯，價錢便宜，推薦給年輕美眉使用。

魔鏡精靈

魔法唇蜜
NT$440 開架商品
亮度很好，薄透豐潤，誘惑度一等一。台隆有賣。

日本才能買到的開架唇蜜

Love Clover

唇蜜
日本獨賣 開架商品
日本辣妹最愛，質地較黏稠，顯色度高，不易脫妝，還有水果香味。

Lovshuca

唇蜜
日本獨賣 開架商品
日本大賣商品，日本妹超哈！多屬年輕的嫩感鮮色，質地黏稠帶有小亮片，粉紅色的包裝很可愛喔。

Sussie NY

唇蜜
日本獨賣 開架商品
雙色唇彩設計，唇蜜會隨著時間而變色，彷彿擁有兩隻唇蜜的感覺！

Kiss

唇蜜
日本獨賣‧開架商品
少女系甜蜜的果凍色。

Courreges

唇蜜
開架商品‧日本獨賣
貼心的產品設計附刷頭，方便隨時補妝使用，亮度高可以折射光線，製造魅惑唇感，牙膏狀，前面有附刷頭。

Marie Claire

唇蜜
日本獨賣‧開架商品
日本妹推薦，有很多漂亮顏色，很適合東方美眉喔！

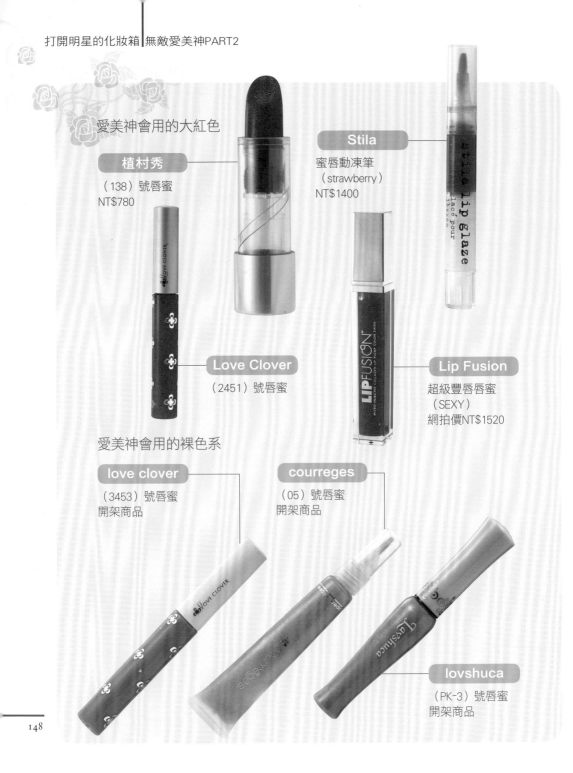

愛美神會用的大紅色

植村秀

（138）號唇蜜
NT$780

Stila

蜜唇動凍筆
（strawberry）
NT$1400

Love Clover

（2451）號唇蜜

Lip Fusion

超級豐唇唇蜜
（SEXY）
網拍價NT$1520

愛美神會用的裸色系

love clover

（3453）號唇蜜
開架商品

courreges

（05）號唇蜜
開架商品

lovshuca

（PK-3）號唇蜜
開架商品

愛美神會用的咖啡色系

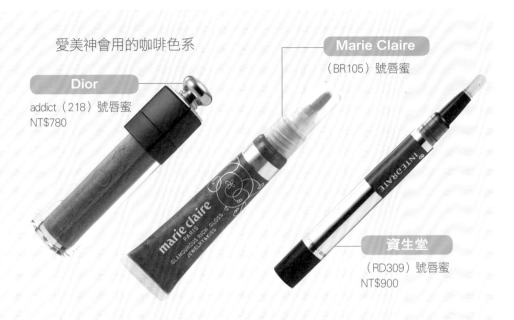

Dior

addict（218）號唇蜜
NT$780

Marie Claire

（BR105）號唇蜜

資生堂

（RD309）號唇蜜
NT$900

戀愛魔鏡

（BE366）號唇蜜
開架商品

Courreges

（04）號唇蜜
開架商品

SONY CPL

（503）號唇蜜
開架商品

心機美唇　是完美彩妝的漂亮Ending

愛美神會用的光澤感唇蜜

Make Up Forever

光燦唇蜜
NT$249

Dior kiss

（228）號唇蜜
NT$680

MAC

晶亮魔唇
NT$580

Ipsa

晶燦唇蜜
網拍價NT$300

Chic Choc

果氛唇蜜
NT$600

Sony CPL

攻唇透亮果凍唇蜜
NT$410　開架商品

BEAUTE de KOSE

丰盈水漾炫彩蜜（PK880）
號唇蜜．NT$950

Effusion

唇蜜

資生堂

Integrate （PK281）號唇蜜
開架商品

愛美神最愛的粉紅色唇蜜

Chanel
（81）號唇蜜
NT$780

資生堂
（PK378）號唇蜜
NT$750

KP
QQ（005）（001）號唇蜜
NT$800

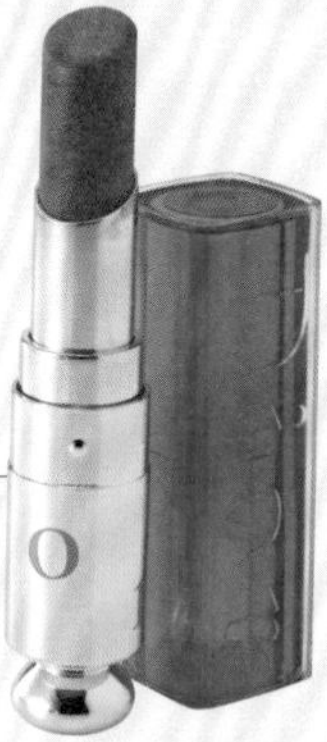

Dior kiss
（258）號唇蜜
NT$680

ChicChoc
（PK01）號唇蜜
NT$600

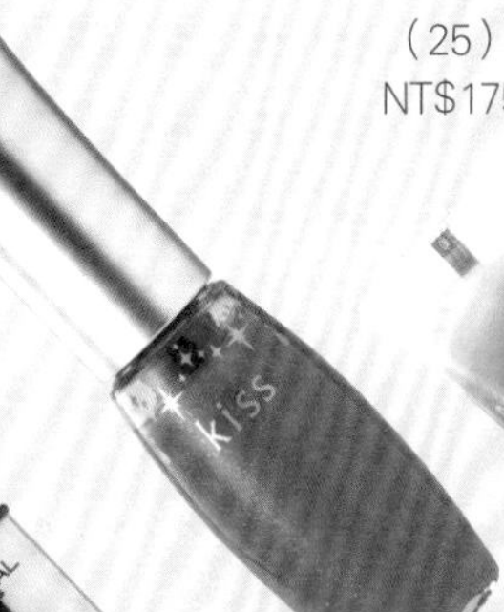

Dior kiss
（480）號唇蜜
NT$680

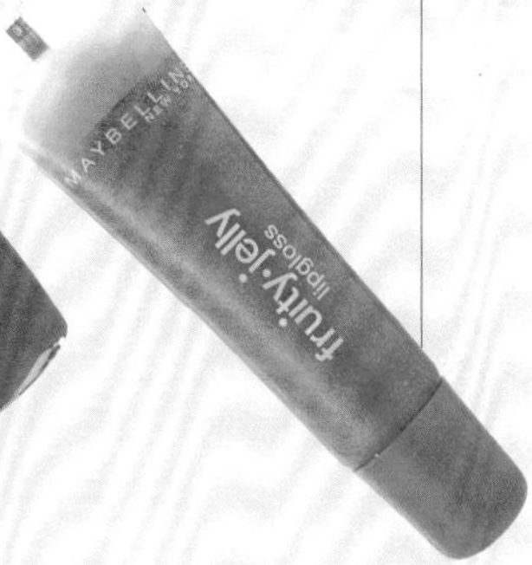

媚比琳
（25）號唇蜜
NT$175開架商品

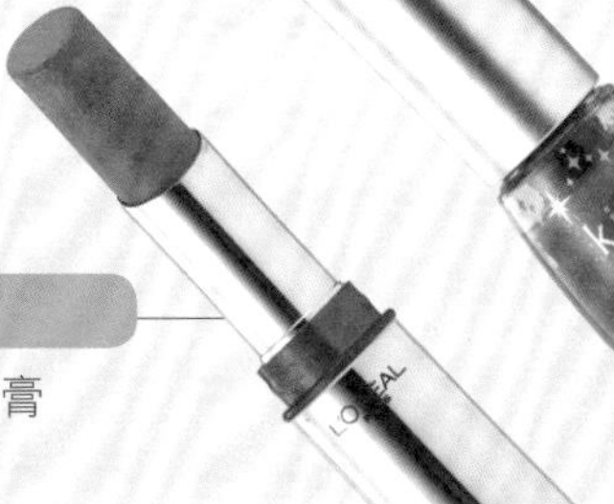

kiss
（A62）號唇蜜
開架商品

Loreal
滋潤型唇蜜質感唇膏
（500）號
NT$325・開架商品

愛美神最愛的粉橘色系

Dior

藍星唇膏（333）號
3.5g‧NT860

RMK

（17）號唇蜜
NT$870

Dior

kiss（248）號唇蜜
NT$680

Stila

（A74）號唇蜜
NT$800

戀愛魔鏡

（Pk155）號唇蜜
開架商品

Susie NY

光控雙色唇蜜（03）號
開架商品

妳的Body也可以水水　身體彩妝正流行

*chapter*12

美妝策略 12 明星身體閃亮亮又香香的祕訣

這幾年身體彩妝已成為跑趴的小道具了，加上Bling Bling Look大流行，不在身上搞些閃亮的小東西，好像就會覺得少了些什麼，如果是粉狀的亮粉或香粉，我會在使用這些產品前先上一層身體乳液，幫助產品定妝！如果想要DIY這些產品，只要去美材行買小亮片小亮粉，再加入乳液裡，就是渾然天成的身體彩妝產品囉！

Benefit

妙女郎變身香膏
110g‧NT$1350

♛ 愛用必買

是我的愛用品之一，這個不用我再說了吧！太多明星介紹了，而且不誇張，我真的用完好多盒！很多女藝人和彩妝師也人手一盒，我喜歡擦在腿上和肩上，因為它有好好聞的百花香味，還能自然散發光澤。

Dirty Girl

閃亮護膚乳
150ml‧NT$780

跑趴必買 ♛

我愛用的亮片身體乳液，添加了維他命E的成分，可以護膚，可以讓自己閃亮亮，好多女藝人都人手一瓶唷，含有很多亮片喔，建議跑趴時再擦，否則會太亮喔！

Benefit

小貓咪時尚閃粉
10g‧NT$1250

我的愛用品之一，產品設計的好酷，亮粉直接裝在大粉撲裡，不但含有淡淡的香氣，使用起來也很方便。

歌劇魅影

銀河亮質彩色噴髮劑
75ml

可噴在身體，頭髮，衣服上，萬聖節耶誕夜各種節慶，都非常適合使用，如果妳要噴在身體上，就要好好清潔喔，因為它的黏性超強。

妳的Body也可以水水 身體彩妝正流行

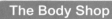

The Body Shop

魔法炫亮粉/01
4.5g．NT780

身體和臉都可以用的產品，按壓式筆狀產品，我常看到彩妝師拿來幫女藝人刷身體，製造光澤感的打亮效果，我都拿來刷大腿內外側，以增加腿部的纖細感；它有兩個顏色。

身體保養品

Sala

保濕香粉
日幣1200．日本獨賣
開架商品

👑 去日本必買

可保養身體肌膚的保濕香粉，香味宜人，擦上去可讓膚質白晰，因為裡面添加了小亮片，約會時我都順便拿來用一下！

Privacy

隨意上色晶亮保濕蜜粉
3g．NT$450．開架商品

在日本很紅，為小粉撲狀的產品設計，有很多顏色選擇，還添加了夢幻銀彩，便宜又好用。

Model Co

模炫去角質絲光柔膚巾
容量35wipes
NT$850

當我們常要上一些像亮片乳液、亮粉之類的身體彩妝時，常會造成身體堆積過多的角質，這時也千萬不要忘記要幫身體做拋光、打亮的功夫！這個柔膚巾一面可以去角質，另一面可以拋光柔膚，不過最好不要用在臉上喔！

超累超忙超辛苦

幕後花絮之人仰馬翻大公開

書封底那張美到爆的照片其實是躺在地上拍的喔！而且那天天氣根本就很冷，10幾度的氣溫之下穿著無袖的衣服躺在冰涼的磨石子地上拍照，還要裝出一臉很浪漫唯美的表情，我的演技也能拿影后了吧，哈！

愛美神最愛自拍了，一邊讓髮型師弄頭髮，一邊就也不忘記再來一張自拍，這樣才能詳細紀錄下我的工作情形嘛，而且反正忙的是髮型師，我那時很閒啦！

每拍完一cut大家就會擠來電腦前看看剛才拍的如何，頭髮亂不亂，表情好不好，pose美不美…整個攝影棚，人氣最旺的地方就是電腦螢幕前，有時候想擠還擠不進來咧！

等別人show圖給我看太慢了，乾脆讓愛美神親自來挑片，但這麼多照片真的很難挑耶，這張怎樣？讚吧！

拍個照真的需要很多人幫忙打理這打理那，看起來我好像是一個巨星、洋娃娃，從「頭」到「腳」都有人在「服侍」，但事實上我是在任人擺佈，照片真的會騙人，哈哈！

我腿上的皮帶綁腿是可愛的造型師JoJo老師和他的助手們很辛苦的把皮帶一條一條編起來再繫在我的腿上的喔，光弄這個綁腿就花了他們一下午的時間，真的超辛苦的啦。

皺鼻子

伸舌頭

嘟嘟嘴

來！看我的
鬼臉三連拍！

愛美神不是只有「美」，而且還很可
愛，最重要的是還會在大家都很疲累時
逗大家開心，這根本是佛心來的嘛！

知道今天我們拍了多久嗎？整整15個小
時！從中午12點到現在半夜3點，終於可
以收工了！我一定要跟辛苦的工作人員來
張大合照，多謝大家的幫忙，雖然每個人
都笑得很開心，其實我知道大家都已經疲
累不堪了！

恐怖的過程不是只有拍照那天，光是
要提供那麼多的商品來拍照，就快把
愛美神整慘了，看看這些多到爆的商
品，它們整整佔據愛美神的客廳幾乎
一整年的時間，害我每天只能墊著腳
尖走路，超慘！

這一天是對稿的日子，每個商品介紹的配圖都要
一項一項比對清楚，桌上、地上、沙發上的稿
子、商品、縮圖目錄亂到客廳就像經歷過一場爆
炸一樣！工作人員更是像在戰場中工作一樣，還
有還有，沙發上的衣服是愛美神為了這次拍照特
別訂製的，很有心吧？！最後別忘了還有我喔，
我在鏡頭後面啦，因為相片是我拍的！

國家圖書館預行編目資料

打開明星的化妝箱：無敵愛美神partII/

吳玫萱著. - 初版. - 臺北市 ： 趨勢文化

出版, 2007〔民96〕

面； 公分. - （Princess；2）

ISBN 978-986-82606-2-7（平裝）

1. 化妝術

424.2 96000468

趨勢文化
出·版·有·限·公·司

打開明星的化妝箱 無敵愛美神part2

作　　者 ── 吳玫萱
發 行 人 ── 馮淑婉
副總編輯 ── 熊景玉
媒體督導 ── selena
行銷公關 ── 馮容瀞
出版發行 ── 趨勢文化出版有限公司
　　　　　　台北市光復南路280巷23號4樓
　　　　　　電話◎8771-6611
　　　　　　傳真◎2776-1115

文字整理 ── 蔡怡芬
攝　　影 ── 張志清
部分照片提供──吳玫萱
造　　型 ── 吳玫萱、JOJO
化　　妝 ── 沈妙玲
髮　　型 ── DAVID(EROS)
珠寶提供 ── 維尼珠寶
封面設計 ── R-one studio
內頁設計 ── 五餅二魚文化事業
海報設計 ── 陳筱璇
校　　對 ── joe・吳玫萱・selena
初　　版 ── 一刷日期── 2007年2月
法律顧問 ── 永然聯合法律事務所